数学思维秘籍

图解法学数学，很简单

8 趣味解答

刘薰宇　著

四川教育出版社

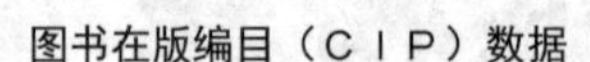

图书在版编目（CIP）数据

数学思维秘籍 ： 图解法学数学，很简单. 8, 趣味解答 / 刘薰宇著. -- 成都 ： 四川教育出版社，2020.10
ISBN 978-7-5408-7414-8

Ⅰ. ①数… Ⅱ. ①刘… Ⅲ. ①数学－青少年读物
Ⅳ. ①01-49

中国版本图书馆CIP数据核字(2020)第147844号

数学思维秘籍　图解法学数学，很简单　8 趣味解答
SHUXUE SIWEI MIJI TUJIEFA XUE SHUXUE HEN JIANDAN 8 QYUWEI JIEDA
刘薰宇　著
出品人　雷　华
责任编辑　吴贵启
封面设计　郭红玲
版式设计　石　莉
责任校对　林蓓蓓
责任印制　高　怡
出版发行　四川教育出版社
地　　址　四川省成都市黄荆路13号
邮政编码　610225
网　　址　www.chuanjiaoshe.com
制　　作　大华文苑（北京）图书有限公司
印　　刷　三河市刚利印务有限公司
版　　次　2020年10月第1版
印　　次　2020年11月第1次印刷
成品规格　145mm × 210mm
印　　张　4
书　　号　ISBN 978-7-5408-7414-8
定　　价　198.00元（全10册）

如发现质量问题，请与本社联系。总编室电话：（028）86259381
北京分社营销电话：（010）67692165　北京分社编辑中心电话：（010）67692156

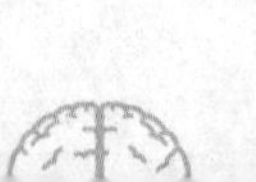

前言

为了切实加强我国数学科学的教学与研究，科技部、教育部、中科院、自然科学基金委联合制定并印发了《关于加强数学科学研究工作方案》。方案中指出数学实力往往影响着国家实力，几乎所有的重大发现都与数学的发展与进步相关，数学已经成为航空航天、国防安全、生物医药、信息、能源、海洋、人工智能、先进制造等领域不可或缺的重要支撑。这充分表明国家对数学的高度重视。

特别是随着大数据、云计算、人工智能时代的到来，在未来生活和生产中，数学更是与我们息息相关，数学科学和人才尤其重要。华为公司创始人兼总裁任正非曾公开表示：“其实我们真正的突破是数学，手机、系统设备是以数学为中心。”

数学是一门通用学科，是很多学科与科学的基础。在未来社会，数学将是提高竞争力的关键，也是国家和民族发展繁荣的抓手。所以，数学学习应当从娃娃抓起。

同时，数学是一门逻辑性非常强而且非常抽象的学科。让数学变得生动有趣的关键，在于教师和家长能正确地引导孩子，精心设计数学教学和辅导，提高孩子的学习兴趣。在数学教学与辅导中，教师和家长应当采取多种方法，充分调动孩子的好奇心和求知欲，使孩子能够感受学习数学的乐趣和收获成功的喜悦，从而提高他们自主学习和解决问题的兴趣与热情。

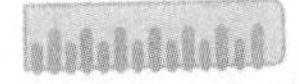

为了激发广大少年儿童学习数学的兴趣，我们特别推出了《数学思维秘籍》丛书。它集中了我国著名数学教育家刘薰宇的数学教学经验与成果。刘薰宇老师1896年出生于贵阳，毕业于北京高等师范学校数理系，曾留学法国并在巴黎大学研究数学，回国后在许多大学任教。新中国成立后，刘老师曾担任人民教育出版社副总编辑等职。

刘老师曾参与审定我国中小学数学教科书，出版过科普读物，发表了大量数学教育方面的论文。著有《解析几何》《数学的园地》《数学趣味》《因数与因式》《马先生谈算学》等。他将数学和文学相结合，用图解法直接解答有关数学问题，非常生动有趣。特别是介绍数学理论与方法的文章，通俗易懂，既是很好的数学学习导入点，也是很好的数学启蒙读物，非常适合中小学生阅读。

刘老师的作品对著名物理学家、诺贝尔奖得主杨振宁，著名数学家、国家最高科学技术奖获得者谷超豪，著名数学家齐民友，著名作家、画家丰子恺等都产生过深远影响，他们都曾著文记述。杨振宁曾说，曾有一位刘薰宇先生，写过许多通俗易懂和极其有趣的数学文章，自己读了才知道排列和奇偶排列这些极为重要的数学概念。谷超豪曾说，刘薰宇的作品把他带入了一个全新的世界。

在当前全国掀起学习数学热潮的大好形势下，我们在忠实于原著的基础上，对部分语言进行了更新；对作品进行了拆分和优化组合，且配上了精美插图；更重要的是，增加了相应的公式定理、习题讲解、奥数试题、课外练习及参考答案等。对原著内容进行的丰富和拓展，使之更适合现代少年儿童阅读、理解和运用，从而更好地帮助孩子开拓数学思维。相信本书将对广大少年儿童、教师以及家长具有较强的启迪和指导作用。

目录

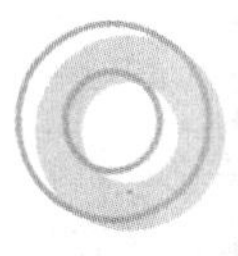
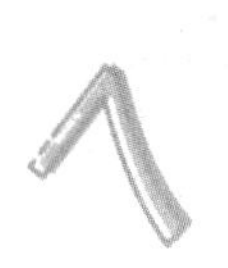

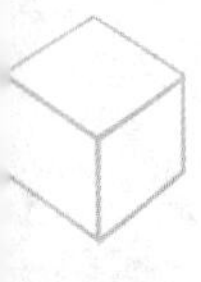

◆ 七零八落倒转数

大家所提到的，只剩下面三种形式的题了。

例1：有人自日出至午前10时行19里125丈（1里＝500米，3丈＝10米），自日落至午后9时，行7里140丈，求昼长多少。

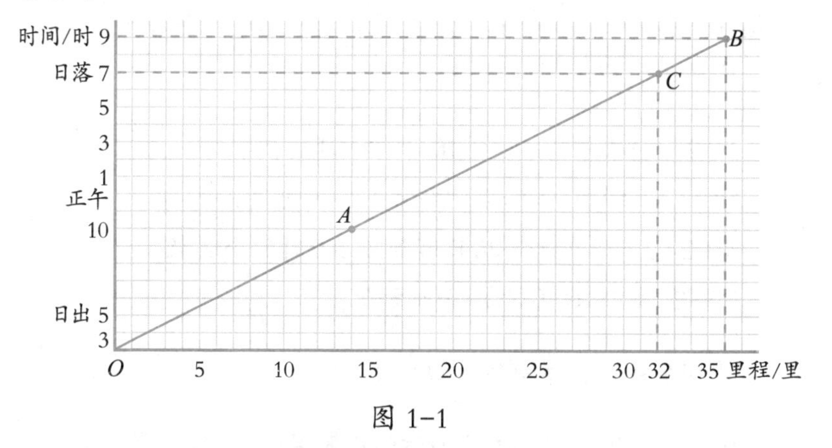

图 1-1

素来不皱眉头的马先生，听到这题时却皱眉头了。这题真难吗？似乎“眉头一皱，计上心来”一样，马先生这样解释：

“这题数目太啰唆，我来把题目改一下吧！有人自日出至午前10时行10里，自日落至午后9时行4里，求昼长多少。”

这个题的要点，便是“从日出到正午，和自正午到日

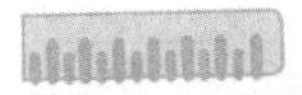

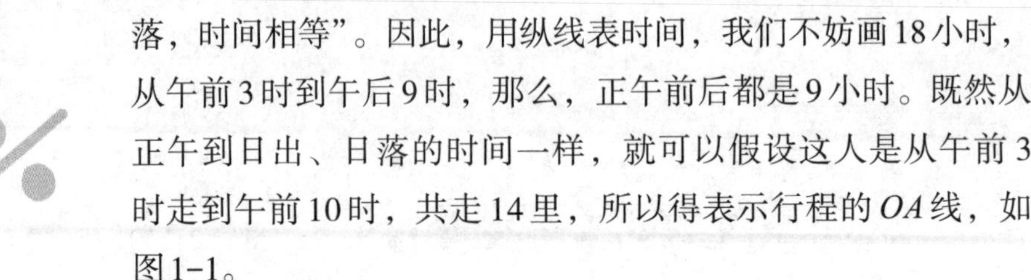

落，时间相等”。因此，用纵线表时间，我们不妨画18小时，从午前3时到午后9时，那么，正午前后都是9小时。既然从正午到日出、日落的时间一样，就可以假设这人是从午前3时走到午前10时，共走14里，所以得表示行程的*OA*线，如图1-1。

这自然很明白了，将*OA*延长到*B*，所指示的就是全天走的路程，假如这个人从午前3时一直走到午后9时，便是18小时共走36里。他的速度由直线*AB*所表示的“定倍数”的关系，就可知是每小时2里了。

午后9时走到36里处，从日落到午后9时走的是4里，回到32里的地方，往上看，得*C*点。横看，得午后7时，可知日落是在午后7时，隔正午7小时，所以昼长是14小时。

由此也就得出了计算法：

9−2……从午前3时到10时的小时数，

（10+4）÷（9−2）=2（里/时）……速度，

4÷2=2（时）……从日落到午后9时的小时数，

（9−2）×2=14（时）……昼长。

依样画葫芦，本题的计算如下：

9−2……从午前3时到10时的小时数，

（19里125丈+7里140丈）÷（9−2）时=$\frac{119}{30}$里/时……速度，

7里140丈÷$\frac{119}{30}$里/时=2时……从日落到午后9时的小时数，

（9−2）×2=14（时）……昼长。

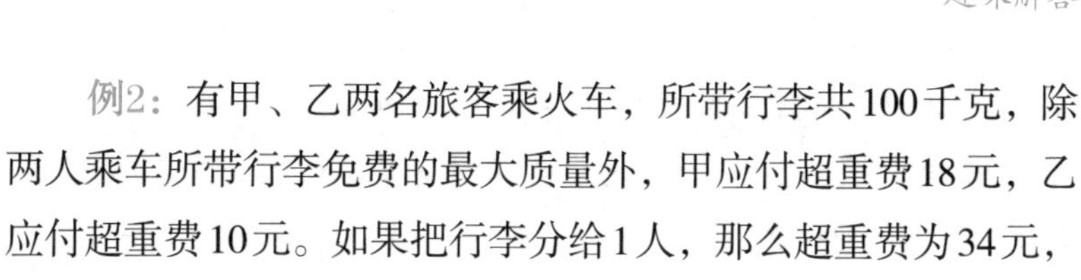

例2：有甲、乙两名旅客乘火车，所带行李共100千克，除两人乘车所带行李免费的最大质量外，甲应付超重费18元，乙应付超重费10元。如果把行李分给1人，那么超重费为34元，乘这种火车每人免费携带行李的最大质量是多少？

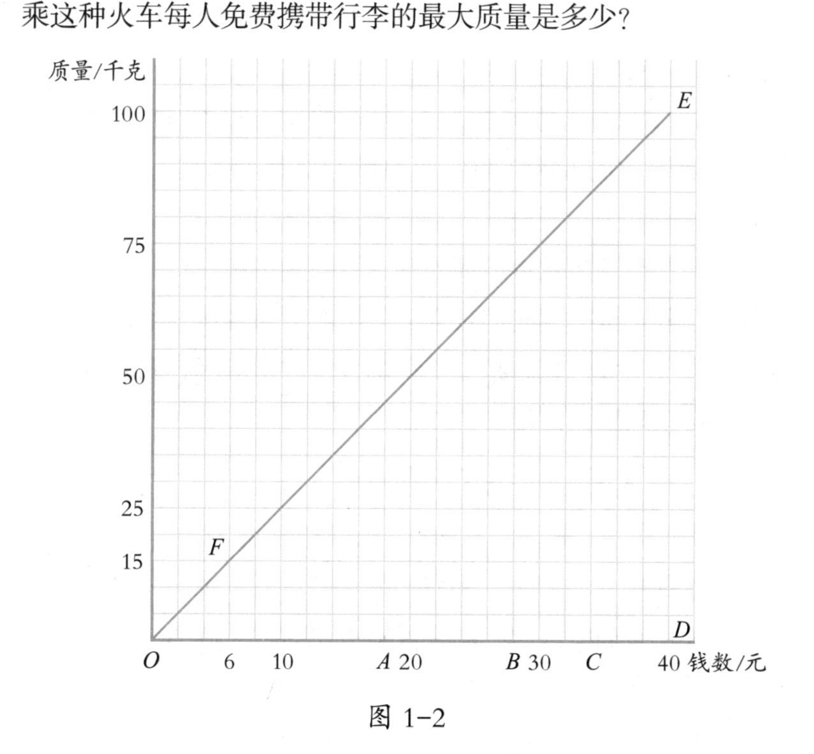

图 1–2

我居然也找到了这题的要点，从34元中减去18元，再减去10元，加上34元便是所有的行李若都支付超重费的费用。但是图1–2还是由王有道画出来的，马先生对于这题没有发表意见。

用横线表示钱数，34元（OC）减去18元（OA），又减去10元（AB），剩6元（BC），剩下的钱加34元便得40元（OD）。

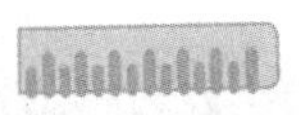

这就表明如果100千克行李都要支付超重费，便要支付40元，可得直线 OE。从6元一点向上看得 F，再横看得15千克，就是所求质量。

（34－18－10）÷[（34＋34－18－10）÷100]＝15（千克）

就是所求的质量。

例3：有一个两位数，其十位数字与个位数字交换位置后，与原数的和为143，而原数减其倒转数[①]则为27，求原数。

“用这个题来结束所谓四则运算问题倒很好！”马先生在疲惫中显着兴奋，“我们暂且丢开本题，来观察一下两位数的性质。这也可以勉强算是一个科学方法的小演习，同时也是寻求解决算学问题的门槛。”

说完，马先生就列出了下面的表格：

原　数	12	23	34	47	56
倒转数	21	32	43	74	65

“现在我们来观察，说是试验也无妨。”马先生说。

“原数和倒转数的和是什么？”

“33、55、77、121、121。”

“在这几个数中，大家能发现其中有什么关系吗？”

“都是11的倍数。”

“我们说凡是两位数同它倒转数的和都是11倍数吗？”马先生问。

“……”没有人回答。

“再来看各是11的几倍？”

① 将它的各位数字顺序调换，如：123的倒转数是321。

“3倍，5倍，7倍，11倍，11倍。”

“这各个倍数和原数有什么关系吗？”

我们大家静静地看了一阵儿，四五个人一同回答：

“原数各数位上的数字的和是3、5、7、11、11！”

“你们能找出其中的缘由吗？”

“12是由几个1、几个2合成的？”

“10个1，1个2。”王有道回答。

“它的倒转数呢？”

“1个1，10个2。”周学敏回答。

“那么，它俩的和中有几个1和几个2？”

“11个1和11个2。”我也明白了。

“11个1和11个2，共有几个11？”

“3个！”许多人回答。

“我们说，凡是两位数与它倒转数的和，难道都是11的倍数吗？”

“是的！”我们真是高兴极了。

“凡是一个两位数与它倒转数的和，难道都是它各个数位上的数字和的11倍吗？”

“当然是！”一齐回答。

“这是此类问题的一个要点，还有一个要点，是从差的方面看出来的。你们去‘发现’吧！”

按部就班就能得到答案：

凡是两位数与它的倒转数的差，都是它的两个数位上的数字差的9倍。

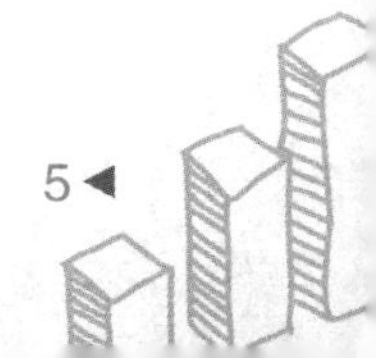

有了这两个要点，本题自然迎刃而解了！

$[(143\div11)+(27\div9)]\div2=8$（大数字）

⋮　　　　⋮

两数字和　两数字差

$[(143\div11)-(27\div9)]\div2=5$（小数字）

因为原数减其倒转数，原数中十位上的数字应当大一些，所以原数是85。85加58得143，而85减去58正是27，真是巧妙极了！

1. 基本概念

将两位数或两位以上的数，它们各数位上的数字位置倒过来，就是这个数的倒转数。比如25和52、364和463、1578和8751等。

如果对称位置上的数字相同，那么它的倒转数就是它本身，这种数也叫回数或对称数。比如11、828、6556等。

2. 基本性质

（1）倒转数是两位数

① 倒转数相加，如果得数在100以内，那么得数一定是个位上的数字与十位上的数字都相同的两位数。

如：12+21=33；

42+24=66；

35+53=88。

② 得数的个位上的数字与十位上的数字恰好是每个加数的个位上的数字与十位上的数字之和。

如：27+72=99。

两个加数个位上的数字与十位上的数字的和都是9（2+7=9，7+2=9）。

又如：14+41=55。

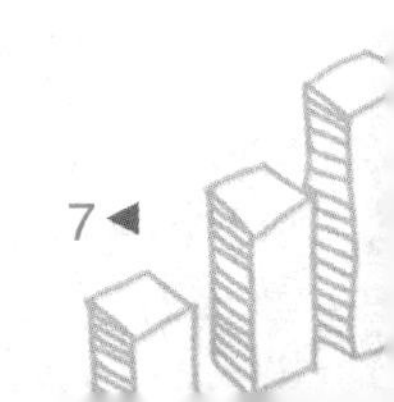

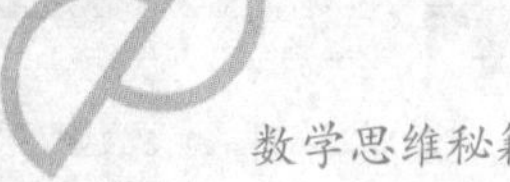

两个加数个位上的数字与十位上的数字的和都是5（1+4=5，4+1=5）。

如：37+73=110。

两个加数个位上的数字与十位上的数字的和都是（3+7=10，7+3=10）。

③ 倒转数减法运算，可以用十位与个位上的数字相减，再用得数乘9。

例1：计算83−38。

解：8−3=5，

5×9=45；

83−38=45。

例2：计算74−47。

解：7−4=3，

3×9=27；

74−47=27。

（2）倒转数是三位数

① 两个数的差，末位非9非0：中间一位上的数字是9，差的首、尾两位上的数字的和等于9。

三位数倒转数的减法，只需要计算出末位上的数字就可以了，根据性质就可以计算出结果。

例1：计算512−215。

解：个位上的数字12−5=7，所以个位上的数字是7，十位上的数字是9，百位上的数字是9−7=2。

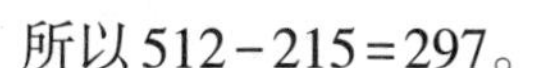

所以512－215＝297。

例2：计算917－719。

解：个位上的数字17－9＝8，所以个位上的数字是8，十位上的数字是9，百位上的数字是9－8＝1。

所以917－719＝198。

②两个数的差，末位上的数字是9，那么差是两位数99，不是三位数。

如：514－415＝99；

352－253＝99；

928－829＝99。

③个位上的数字和百位上的数字相同，则倒转数是它本身，所以相减一定等于0。

如：323－323＝0；

161－161＝0；

828－828＝0。

（3）加法和减法规律

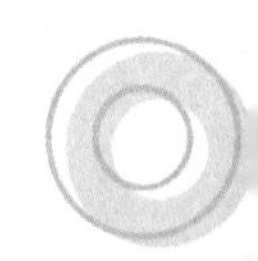

①任何位数的倒转数，原数与倒转数之差都是9的倍数。

如：93－39＝54，54÷9＝6（9的6倍）；

523－325＝198，198÷9＝22（9的22倍）；

9306－6039＝3267，3267÷9＝363（9的363倍）。

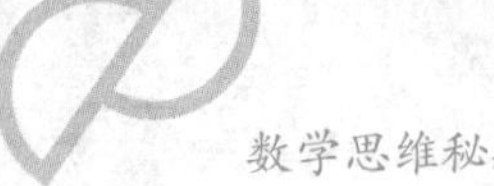

②偶位数，原数与倒转数之和是11的倍数。

如：93+39=132，132÷11=12（11的12倍）；

1064+4601=5665，5665÷11=515（11的515倍）；

158 792+297 851=456 643，456 643÷11=41 513（11的41 513倍）。

2. **强化训练**

（1）一个两位数，十位上的数字比个位上的数字少2，如果把这两个数字对调位置，所得的新的两位数与原数的和是154，求原数。

解：根据“十位上的数字比个位上的数字少2”，根据倒转数之差是9的倍数，则新两位数比原两位数大2×9=18。

又因为新的两位数与原数的和是154，所以原两位数（154−18）÷2=68。

（154−2×9）÷2=68。

（2）一个两位数比它个位上的数字的4倍还大，且它的十位上的数字比它个位上的数字小6，这个两位数是多少？

解：设个位上的数字为x，则十位上的数字为$x-6$，所以这个数为$(x-6)\times 10+x$。由题意，得

$(x-6)\times 10+x>4x$，

$10x-60+x>4x$

$x>\frac{60}{7}$。

所以$x=9$，

9−3=6。

所以这个两位数是39。

应用习题与解析

1. 基础练习题

（1）利用倒转数的性质计算：62－26。

考点：倒转数减法运算。

分析：用十位与个位上的数字相减，再用得数乘9。

解：62－26=（6－2）×9=36。

（2）利用倒转数的性质计算：793－397。

考点：三位数倒转数减法运算。

分析：根据倒转数的性质可知个位等于6，十位上的数字是9，百位上的数字是9－6=3。所以最后结果是396。

解：13－7=6，9－6=3，793－397=396。

（3）一个两位数，数字和为10，数字差为4，而十位上的数比个位上的数大，这个数是多少？

考点：倒转数和与差的性质。

分析：方法一，可以用倒转数的性质计算，倒转数之和是11的倍数，之差是9的倍数。

方法二，用和差问题，先求十位数，再求个位数。

解：（方法一）10×11=110……原数与倒转数之和；

4×9=36……原数与倒转数之差；

（110+36）÷2=73……所求数。

（方法二）（10+4）÷2=7……十位上的数字；

（10－4）÷2=3……个位上的数字。

答：这个数是73。

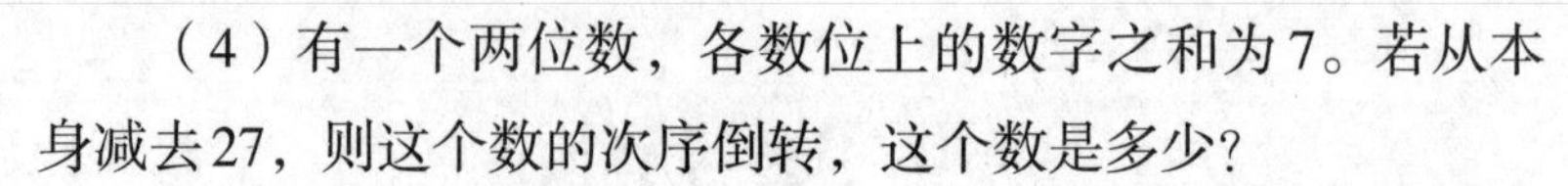

（4）有一个两位数，各数位上的数字之和为7。若从本身减去27，则这个数的次序倒转，这个数是多少？

考点：倒转数和与差的性质。

分析：方法一，用倒转数和的性质，倒转数之和是11的倍数。

方法二，用倒转数差的性质，倒转数之差是9的倍数。

解：（方法一）$11\times7=77$……原数与倒转数之和；

原数$=(77+27)\div2=52$。

（方法二）$27\div9=3$……这个数的两个数位上的数字之差；

$(7+3)\div2=5$……十位上的数字；

$(7-3)\div2=2$……个位上的数字。

答：这个数是52。

（5）一个两位数，十位上的数字是个位上的数字的3倍，这个两位数减去7，十位上和个位上的数字相等。这个数是多少？

考点：倒转数。

分析：从这个两位数减去7，就是从十位上的数字减1，个位上的数字加3，这样一来十位上的数字就与个位上的数字相等了，可见，这个两位数十位上的数字比个位上的数字大4，4就是个位上的数的2倍。

解：个位数字：$(10-7+1)\div(3-1)$

$=4\div2$

$=2$；

十位数字：$2\times3=6$。

所以这个数是62。

答：这个数是62。

（6）一个两位数各数位上的数字之和是9，将这个两位数的十位上与个位上的数字交换，得到一个新的两位数，它比原来的两位数大45。原来这个两位数是多少？

考点：倒转数。

分析：设原数为$\overline{ab}$，即$10a+b$，两个数字之和是9，则$a+b=9$。倒转过来的数是$\overline{ba}$，即$10b+a$。$\overline{ba}$比$\overline{ab}$大45，所以$(10b+a)-(10a+b)=45$，从而可以计算出结果。

解：设这个数为$\overline{ab}$（即$10a+b$），则$\overline{ba}=10b+a$。

$$(10b+a)-(10a+b)=45,$$

$$10b+a-10a-b=45,$$

$$9b-9a=45,$$

$$9(b-a)=45,$$

$$b-a=5。$$

所以$\begin{cases} a+b=9, \\ b-a=5。 \end{cases}$

所以$(a+b)+(b-a)=9+5$,

$$2b=14,$$

$$b=7。$$

$a+7=9$，$a=2$。

所以原数$\overline{ab}=27$。

答：原来这个两位数是27。

（7）一个两位数各数位上的数字之和是9，将这个两位数的十位上与个位上的数字交换，得到一个新的两位数，它与原来的两位数的积是1458。这个两位数是多少？

考点：倒转数。

分析：设个位上的数字为x，则十位上的数字为（$9-x$）。依据“将这个两位数的十位上与个位上的数字交换，得到一个新的两位数，它与原来的两位数的积为1458”列方程解答即可。

解：设个位上的数字为x，则十位上的数字为（$9-x$）。

$$[10x+(9-x)]\times[10(9-x)+x]=1458,$$

$$9(x+1)\times 9(10-x)=1458,$$

$$(x-8)(x-1)=0。$$

解得$x=8$或$x=1$。

答：这个两位数是81或18。

2. **巩固提高题**

（1）利用倒转数的性质计算：93－39。

考点：倒转数减法运算。

分析：用十位与个位上的数字相减，再用得数乘9。

解：$93-39=(9-3)\times 9=54$。

（2）利用倒转数的性质计算：621－126。

考点：三位数倒转数减法运算。

分析：个位上的数字是$11-6=5$，所以十位上的数字是9，百位上的数字是$9-5=4$。所以最后结果是495。

解：$11-6=5$，$9-5=4$，$621-126=495$。

（3）一个两位数的两个数位上的数字和是10，如果把这个两位数的两个数位上的数字调换位置组成一个新的两位数，新数比原数大72。原来的两位数是多少？

考点：倒转数和的性质。

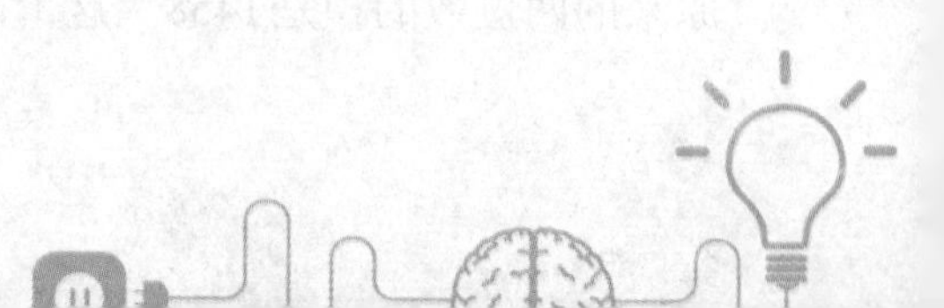

分析：已知两个倒转数的差是72，那么这个两位数的两个数位上的数字的差一定是72÷9=8。又因为其和为10，根据和差问题求出这两个数字。

解：72÷9=8，

个位上的数字为（10+8）÷2=9；

十位上的数字为（10−8）÷2=1。

答：原来的两位数是19。

（4）一个两位数的各位数字之和为8，若原数加36，则十位上的数字与个位上的数字交换。这个数是多少？

考点：倒转数和的性质。

分析：用倒转数和的性质，倒转数之和是11的倍数。原数加36，则数字倒转，可知原数小于倒转数。

解：11×8=88，（88−36）÷2=26。

答：这个数是26。

（5）有一个两位数，个位上的数字是十位上的数字的4倍。若这个数加5，十位上和个位上的数字就相同，这个数是多少？

考点：倒转数。

分析：个位上的数字是十位上的数字的4倍，十位上的数字只可能是1或2。这个数加5，十位上和个位上的数字就相同，则加后的数的十位上的数字比原来多1，个位上的数字多5，就是十位上的数字与个位上的数字之差，个位上的数字要比十位上多6。依题意，十位上的数字是个位上的数字的4倍，加5后十位上的数字与个位上的数字相等，所以6就是个位上的数字的（4−1）倍，个位上的数字为6÷3=2，十

位上的数字为$2\times4=8$，原数为28。

解：十位上的数字为$(10-5+1)\div(4-1)=2$；

个位上的数字为$2\times4=8$。

答：这个数是28。

（6）一个两位数，其个位上的数字与十位上的数字之和是13。将这个两位数的个位上的数字与十位上的数字互换，得到的新数比原数小9，这个数是多少？

考点：倒转数。

分析：设原数的个位上的数字是x，则十位上的数字是$(13-x)$。将这个两位数的个位上的数字与十位上的数字互换得到的新数比原数小9，根据题意列方程：$10x+(13-x)=10(13-x)+x-9$。

解：设原数的个位上的数字是x，则十位上的数字是$(13-x)$。

$10x+(13-x)=10(13-x)+x-9$，

$9x+13=121-10x+x$，

$18x=108$，

$x=6$。

$13-6=7$。

答：这个数是76。

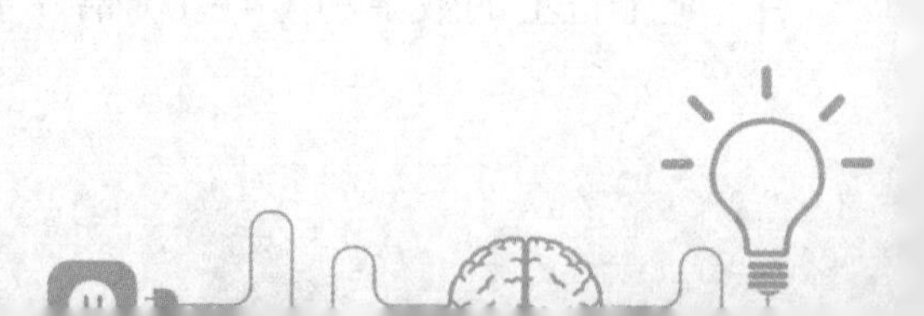

奥数习题与解析

1. 基础训练题

（1）请问在1～1000中共有多少个对称数？

分析：在1～1000中先排除个位数和1000。

在两位数中，有11、22、33、…、99，共9个。在三位数中，有101、111、121、…、191，202、212、222、…、292，303、313、323、…、393，…，909、919、929、…、999，共90个。

所以在1～1000中有9+90=99（个）对称数。

解：两位数中对称数有11、22、33、44、55、66、77、88、99，一共有9个。

三位数中对称数有：百位上的数字和个位上的数字都是1的有101、111、121、131、141、151、161、171、181、191，共10个。

百位上的数字和个位上的数字都是2的有10个。

百位上的数字和个位上的数字都是3的有10个。

百位上的数字和个位上的数字都是4的有10个。

百位上的数字和个位上的数字都是5的有10个。

百位上的数字和个位上的数字都是6的有10个。

百位上的数字和个位上的数字都是7的有10个。

百位上的数字和个位上的数字都是8的有10个。

百位上的数字和个位上的数字都是9的有10个。

9+10+10+10+10+10+10+10+10+10=99（个）。

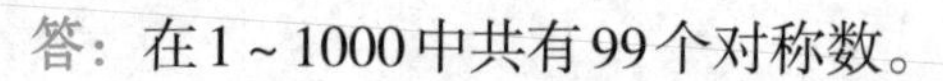

答：在1～1000中共有99个对称数。

（2）一个两位数，十位上的数字比个位上的数字的2倍大3，把这个两位数的十位上的数字与个位上的数字对调后组成的新两位数比原数小45，原来这个两位数是多少？

分析：设原来这个两位数的个位上的数字为x，十位上的数字为y。根据题意“十位上的数字比个位上的数字的2倍大3”，则$y=2x+3$。又因为“十位上的数字与个位上的数字对调后组成的新的两位数比原数小45”，则$10x+y+45=10y+x$。根据两个方程可以计算出结果。

解：设原数的个位上的数字为x，十位上的数字为y，则

$$\begin{cases} y=2x+3, \\ 10x+y+45=10y+x。\end{cases}$$

所以$10x+(2x+3)+45=10(2x+3)+x$，

$$12x+48=21x+30,$$

$$9x=18,$$

$$x=2。$$

所以$y=2x+3=2\times2+3=7$。

答：原来这个两位数是27。

（3）1991这个数具有如下两个性质：①它是一个回数；②1991可以分解成一个两位质数回数和一个三位质数回数的积，即$1991=11\times181$，其中11和181既是回数又是质数。请问在1000到2000之间，除了1991外，具有性质①和②的数还有哪些？

分析：根据回数的定义，可知在1000到2000之间，除了1991外，还有1001、1111、1221、1331、1441、1551、

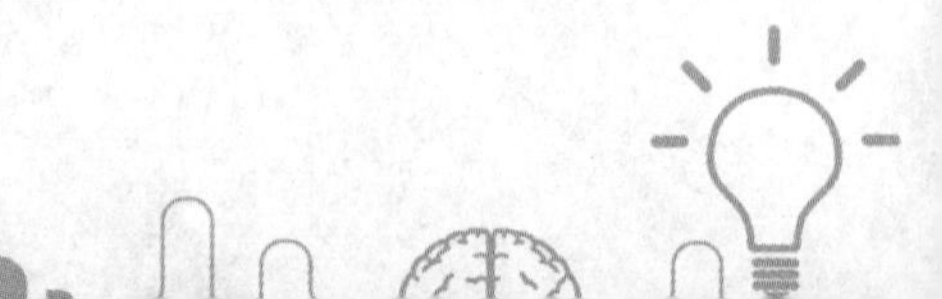

1661、1771、1881，共9个回数。通过分析，这9个回数中同时满足条件②的只有3个，分别是$11\times101=1111$、$11\times131=1441$、$11\times151=1661$。

解：在1000到2000之间，除了1991外，还有1001、1111、1221、1331、1441、1551、1661、1771、1881等9个回数。

根据性质②，$11\times101=1111$，

$11\times131=1441$，

$11\times151=1661$。

答：在1000到2000之间，除了1991外，具有性质①和②的数还有1111、1441和1661。

2. 拓展训练题

（1）有一个三位数，其十位上的数字小于个位上的数字，但大于百位上的数字，百位上的数字与个位上的数字的和为7。如果这个数加上297，那么得到原数的倒转数。这个三位数是多少？

分析：设这个数是$\overline{abc}$。根据已知条件可知，$a+c=7$，$0<a<b<c<7$；如果这个数加上297，那么得到原数的倒转数为$\overline{cba}$，所以$100a+10b+c+297=100c+10b+a$，整理，得$c=a+3$，再代入$a+c=7$，可以求出$a$和$c$的值，进而算出$b$。

解：设这个数是$\overline{abc}$，则

$100a+10b+c+297=100c+10b+a$，

$100a+10b+c-100c-10b-a+297=0$，

$99c-99a=297$，

$c-a=3$，

$c=a+3$。 ①

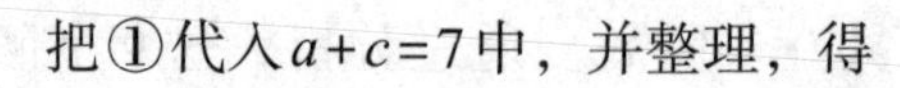

把①代入$a+c=7$中，并整理，得

$a+a+3=7$，

$2a=4$，

$a=2$。

$c=a+3=2+3=5$。

因为$2<b<5$，

所以$b=3$或4。

那么这个三位数是235或245。

验证：$235+297=532$，是得到原数的倒转数；

$245+297=542$，是得到原数的倒转数。

答：这个数是235或245。

（2）有一个三位数，其十位上的数字是0，各数位上的数字和是11。若此数加上297，可以得到这个数的倒转数。原三位数是多少？

分析：由于其十位上的数字是0，各数位上的数字和是11，则个位上的数字+百位上的数字=11。设这个数的个位上的数字为x，则其百位上的数字为（$11-x$），这个三位数为$100(11-x)+x$，这个数的倒转数为$100x+(11-x)$。由此根据题意“若此数加上297可以得到这个数的倒转数”，可得$100(11-x)+x+297=100x+(11-x)$，解此方程，求得$x$后，即能得出原三位数。

解：设这个数的个位上的数字为x，则其百位上的数字为$11-x$。

$100(11-x)+x+297=100x+(11-x)$，

$1100-100x+x+297=100x+11-x$，

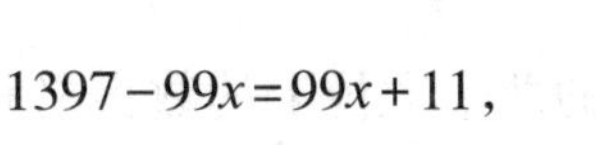

$$1397-99x=99x+11,$$

$$1386=198x,$$

$$x=7。$$

11－7＝4，则原三位数是407。

答：原三位数是407。

课外练习与答案

1. 基础练习题

（1）利用倒转数的性质计算下列各减法算式：

①62－26＝　　②73－37＝

③81－18＝　　④53－35＝

⑤562－265＝　　⑥231－132＝

⑦956－659＝　　⑧642－246＝

⑨615－516＝　　⑩563－365＝

⑪952－259＝　　⑫726－627＝

（2）利用倒转数的性质计算下列各加法算式：

①31＋13＝　　②52＋25＝

③61＋16＝　　④62＋26＝

⑤94＋49＝　　⑥82＋28＝

⑦74＋47＝　　⑧56＋65＝

2. 提高练习题

（1）一个两位数，十位上的数字是个位上的数字的3倍。如果把这两个数字对调位置，组成一个新的两位数，新数与原数的差为54。原数是多少？

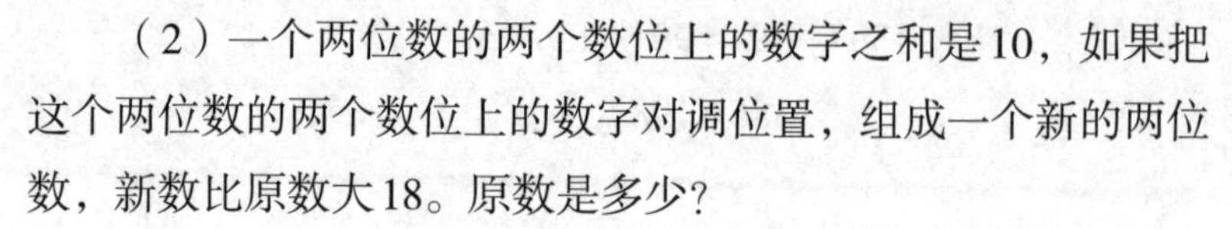

（2）一个两位数的两个数位上的数字之和是10，如果把这个两位数的两个数位上的数字对调位置，组成一个新的两位数，新数比原数大18。原数是多少？

（3）一个两位数，个位上的数字是十位上的数字的3倍。如果把这两个数字对调位置，组成一个新的两位数，新数与原数的差为36。原数是多少？

（4）一个两位数的两个数字之和是10，如果把这个两位数的两个数位上的数字对调位置，组成一个新的两位数，新数比原数大54。原数是多少？

3. 经典练习题

（1）一个两位数，十位上与个位上的数字和是12。如果把这个两位数的两个数位上的数字对调位置，组成一个新的两位数，新数比原数大18。原数是多少？

（2）一个两位数，个位上的数字比十位上的数字大2，若将其十位上的数字与个位上的数字的位置对调，得到的新的两位数比原两位数的3倍小8。原数是多少？

（3）有一个四位数的对称数，四个数位上的数字之和是10，十位上的数字比个位上的数字多3。这个四位数是多少？

（4）在五位数中，既是对称数又可以写成两个对称数的积的最小的数是多少？

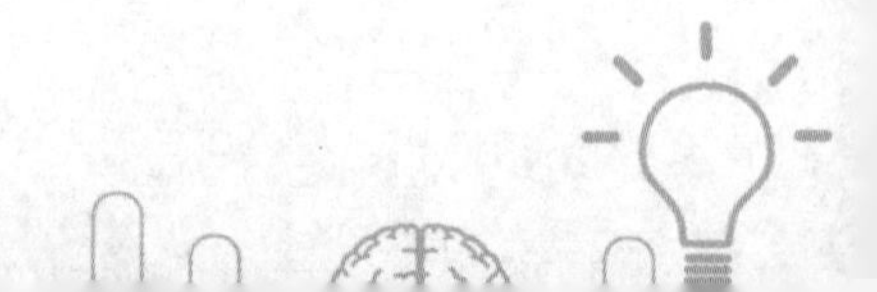

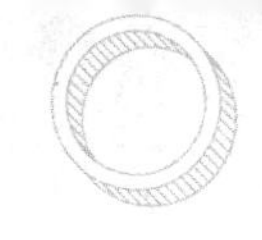

答案

1. 基础练习题

（1）①36　②36

③63　④18

⑤297　⑥99

⑦297　⑧396

⑨99　⑩198

⑪693　⑫99

（2）①44　②77

③77　④88

⑤143　⑥110

⑦121　⑧121

2. 提高练习题

（1）原数是93。

（2）原数是46。

（3）原数是26。

（4）原数是28。

3. 经典练习题

（1）原数是57。

（2）原数是13。

（3）这个四位数是1441。

（4）最小的数是10201。

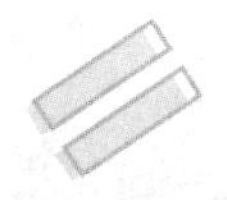

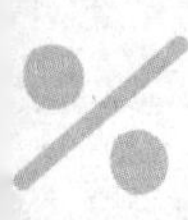

◆ 以物易物不吃亏

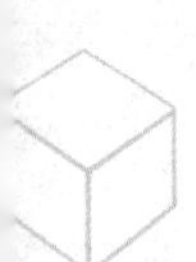

例1：酒4升可换茶3斤（1斤=500克）；茶5斤可换米12升；米9升可换酒多少？

马先生写好了题，问道："这样的题，在算术中，属于哪一部分？"

"连比例。"王有道回答。

"连比例是怎么一回事，你能简单说说吗？"

"是由许多简比例连合起来的。"王有道说。

"这也是一种说法，照这种说法，你把这个题做出来看看。"

下面就是王有道做的：

（1）简比例的算法：

$$12:9=5:x,\ x=\frac{5\times9}{12}=\frac{15}{4};$$

$$3:\frac{15}{4}=4:y,\ y=\frac{4\times\frac{15}{4}}{3}=5。$$

（2）连比例的算法：

4升酒 —— 3斤茶

5斤茶 —— 12升米　　$x=\frac{4\times5\times9}{3\times12}=5$。

9升米 —— x升酒

这两种算法，其实只有繁简和顺序不同，根本上毫无差别。王有道为了说明它们相同，还把（1）中的最后一个式子这样写：

$$x=\frac{4\times\frac{5\times9}{12}\left(\text{即}\frac{15}{4}\right)}{3}=\frac{4\times5\times9}{3\times12}=5。$$

它和（2）中的式子完全一样。

马先生对于王有道的做法很满意，但他说："连比例也可以说是两个以上的量相连而成的比例，不过这和算法没有什么关系。"

"连比例的题，能用画图法来解吗？"我想着，因为它是一些简比例合成的，应该可以。但一方面又想到，它所含的量在三个以上，恐怕未必行，因而不能断定。我索性向马先生请教。

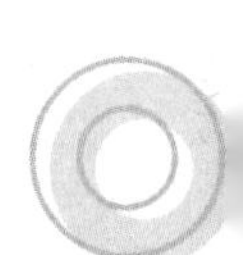

"可以！"马先生斩钉截铁地回答，"而且并不困难。你就用这个例题来画画看吧。"

可先依照酒4升茶3斤这个比，如图2-1用纵线表示酒，横线表示茶，画出*OA*线。米用哪条线表示呢？其实，每个人都没有动手。马先生看看这个，又看看那个。

"怎么又犯难了！买醋的钱，买不了酱油吗？你们个个都可以成牛顿了，大猫走大洞，小猫一定要走小洞，是吗？纵线上，现在你们的单位是升，一只升子[①]量了酒就不能量米了吗？"

这明明是在告诉我们，又用纵线表示米，依照茶5斤可换米12升的比，我画出了直线*OB*。我们画完以后，马先生巡视

① 量粮食的器具，容量为一升。

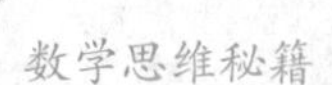

了一周，才说：“问题的要点在后面，怎样找出答数来呢？9升米可换多少茶呢？”

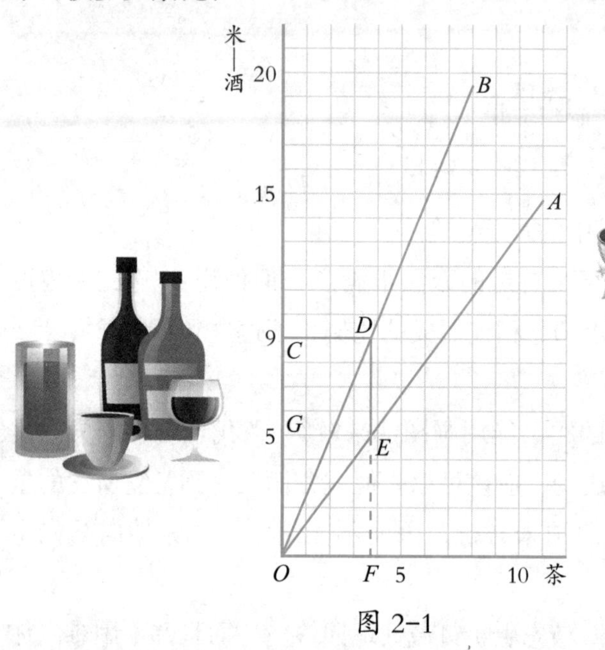

图 2-1

我们从纵线上的 C（表示9升米），横看到 OB 上的 D（茶、米的比），往下看到 OA 上的 E（茶、酒的比），再往下看到 F（茶 $\frac{15}{4}$ 斤）。

“茶的斤数，就题目说，是没有用处的。”马先生说，“你们由茶和酒的关系，再看‘过’去。”“过”字说得特别响。我就由 E 横看到 G，它指着5升，这就是所求酒的升数了。

例2：酒3升的价格等于茶2斤的价格；茶3斤的价格等于糖4斤的价格；糖5斤的价格等于米9升的价格。酒1斗[①]可换米多少？

---

① 一斗为十升。

“举一反三。”马先生写了题说，“这个题，不过比前一题多了一个弯，大家自己做吧！”

我先取纵线表示酒，横线表示茶，如图 2-2，依酒 3 茶 2 的比，画直线 OA。又取纵线表示糖，依茶 3 糖 4 的比，画直线 OB。再取横线表示米，依照糖 5 米 9 的比，画直线 OC。

最后，从纵线 10 即 1 斗酒。横着看到 OA 上的 D，酒就换了茶。由 D 往下看到 OB 上的 E，茶就换了糖。由 E 横看到 OC 上的 F，糖依然一样多，但由 F 往下看到横线上的 16，糖已换了米。酒 1 斗换米 1.6 斗。

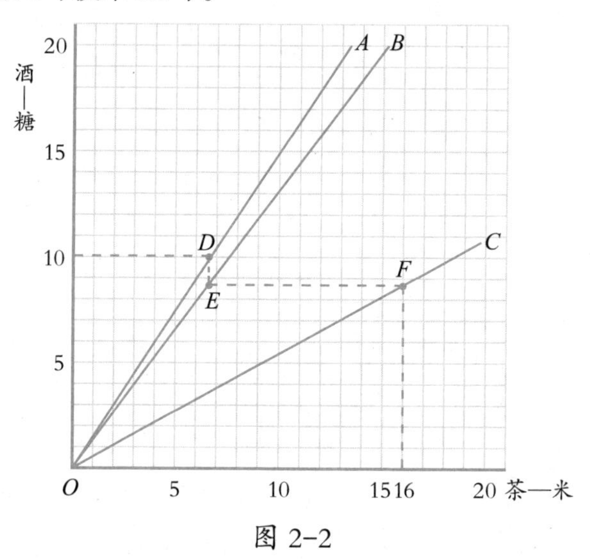

图 2-2

照连比例的算法：

3升酒 —— 2斤茶
3斤茶 —— 4斤糖
5斤糖 —— 9升米
x升米 —— 10升酒

$$x=\frac{9\times10\times4\times2}{5\times3\times3}=16。$$

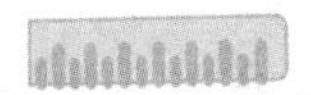

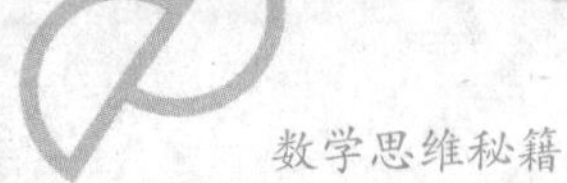

结果当然完全相同。

例3：甲、乙、丙三人赛跑，100步内，乙负甲20步；180步内，乙胜丙15步；150步内，丙负甲多少步？

本题含有不是比例的条件，所以应先改变一下。“100步内，乙负甲20步”，就是甲跑100步时，乙只跑80步；“180步内，乙胜丙15步”，就是乙跑180步时，丙只跑165步。照这两个比，取横线表示甲和丙所跑的步数，纵线表示乙所跑的步数，如图2–3，画出*OA*和*OB*两条直线来。

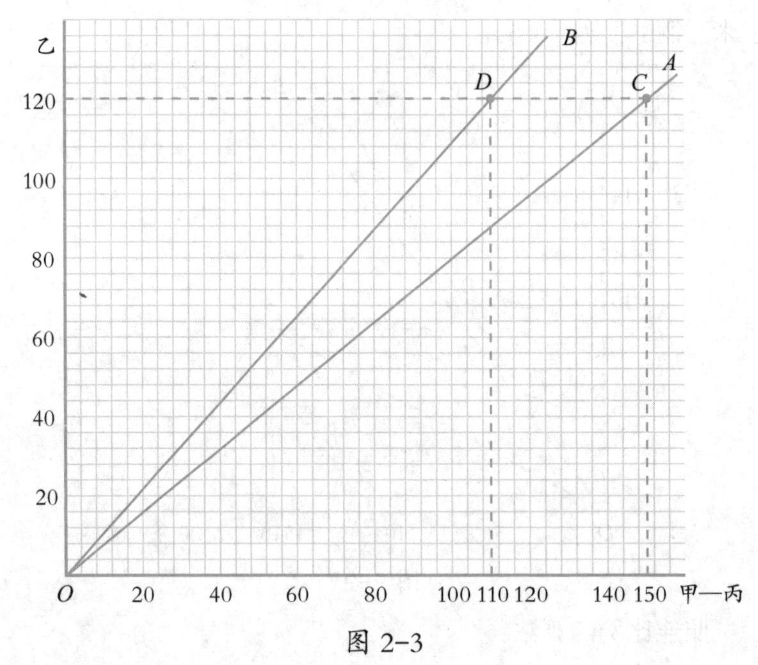

图 2–3

横线上150是甲跑的步数，往上看到*OA*线上的*C*，指明甲跑150步时，乙跑120步。再由*C*横看到*OB*线上的*D*，由*D*往下看，横线上110，就是丙跑的步数。从110到150相差40，便是丙负甲的步数。

计算如下：

100甲 —— （100−20）乙

180乙 —— （180−15）丙

x丙 —— 150甲

$$x=\frac{(100-20)\times(180-15)\times150}{100\times180}$$

$$=\frac{80\times165\times150}{100\times180}=110,$$

所以150－110=40（步）。

例4：甲、乙、丙三人速度的比，甲和乙是3∶4，乙和丙是5∶6。丙20小时所走的路程，甲需走多长时间？

“这个题目，当然很容易，但需注意走一定路程所需的时间和速度是成反比例的。”马先生提醒我们。

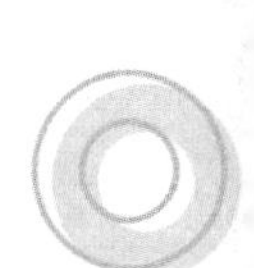

因为这个提醒，我们便知道，甲和乙速度的比是3∶4，则他们走相同的路程，所需的时间的比是4∶3；同样地，乙和丙走相同的路程，所需的时间的比是6∶5。

至于作图的方法和前一题相同。如图2-4，最后由横线上的20，就用它表示时间，直上到直线OB上的C，由C横过去到OA上的D，由D直下到横线上32。它告诉我们，甲需走32小时。

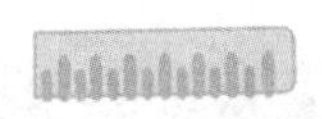

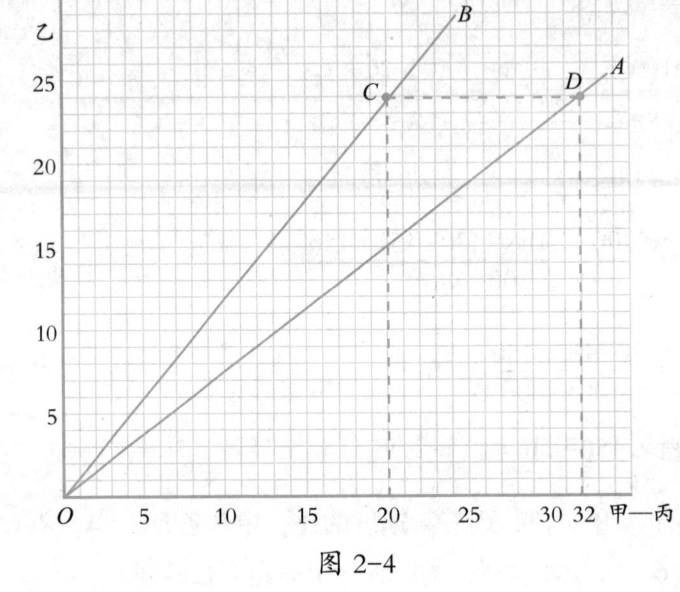

图 2-4

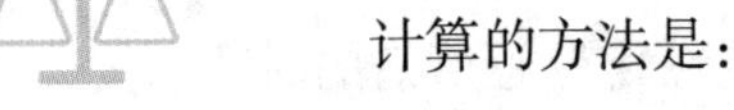

计算的方法是:

4 甲　　　　3 乙

6 乙　　　　5 丙

20 小时丙　　x 小时甲

$x=\dfrac{20\times6\times4}{3\times5}=32$。

基本概念与例解

1. 基本概念

（1）基本概念

人类使用货币的历史产生于最早出现物质交换的时代。在原始社会，人们使用“以物易物”的方式，交换自己所需要的物品，我们今天所学的数学知识就从“物物交换”开始。比如小王养鸡，小李种玉米。这天，小王想吃玉米，小李想吃鸡，两人想法一拍即合，那么两个人就开始以物易物。

例1：已知1只鸡可以换5穗玉米、8只鸡可以换1只羊。1只羊可以换几穗玉米？

解：1只鸡=5穗玉米，

8只鸡=1只羊，

8只鸡=8×5穗玉米=40穗玉米=1只羊。

答：1只羊可以换40穗玉米。

例2：已知3只鸡可以换16穗玉米、9只鸡可以换2只羊、3只羊可以换1张兽皮。1张兽皮可以换几穗玉米？

解：3只鸡=16穗玉米，

9只鸡=2只羊，

9只鸡=（9÷3）×16穗玉米=48穗玉米=2只羊，

1只羊=48穗玉米÷2=24穗玉米。

3只羊=1张兽皮，

3×24穗玉米=72穗玉米=1张兽皮。

答：1张兽皮可以换72穗玉米。

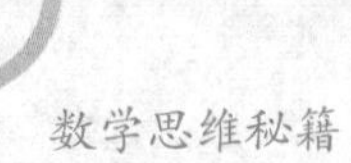

这种以物易物的问题，在物与物之间是存在着一个相应的比例，通过几个比例之间的相互关联，从而形成一个“相等”的概念，这种问题在数学中叫作“连比例”问题。

（2）连比例问题

两个以上的量，相连续而成的比例，我们称为“连比例”。

例1：4辆玩具汽车可以换10本小人书。小明有14辆玩具汽车，可以换多少本小人书？

解：设14辆玩具汽车可以换x本小人书。根据题意，得

$4:10=14:x$，

$4x=10\times 14$，

$x=35$。

答：14辆玩具汽车可以换35本小人书。

对于多个连比，我们需要分类讨论。

①如果前一个比的后项和后一个比的前项相同，可把两个比直接写成连比。

例2：已知甲：乙=3：2，乙：丙=2：4，求甲：乙：丙。

解：甲：乙：丙=3：2：4。

②如果前一个比的后项和后一个比的前项成整倍数关系，可利用比的基本性质把其中一个比变形后，再写成连比。

例3：已知甲：乙=3：4，乙：丙=2：1，求甲：乙：丙。

解：因为甲：乙=3：4，乙：丙=2：1=4：2，

所以甲：乙：丙=3：4：2。

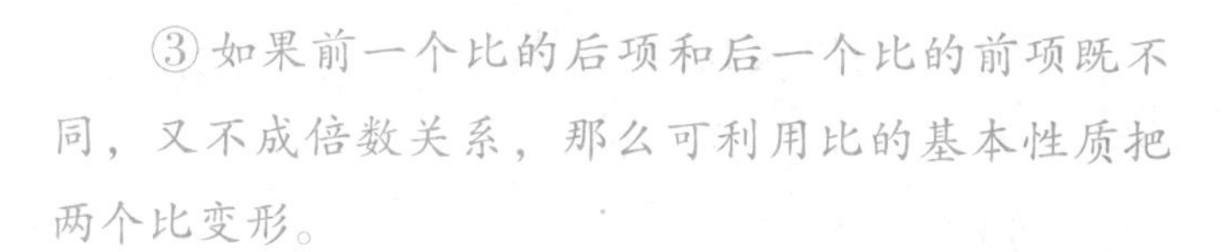

③如果前一个比的后项和后一个比的前项既不同，又不成倍数关系，那么可利用比的基本性质把两个比变形。

例4：已知甲∶乙=3∶5，乙∶丙=7∶8，求甲∶乙∶丙。

解：根据题意，我们把两个比中表示乙的份数化成相等即可，即寻找乙在两个比中的数的最小公倍数。

[5，7]=35，

甲	乙	丙
3 ∶	5	
×7	×7	
	7 ∶	8
	×5	×5
21 ∶	35 ∶	40

所以甲∶乙∶丙=21∶35∶40。

2. **强化训练**

对于三个以上的连比，同样是找到参考量，逐步将它们化成相等的份数，从而形成连比。

例1：已知3只鸡可以换14穗玉米、15只鸡可以换2只羊、3只羊可以换1张兽皮。请问1张兽皮可以换几穗玉米？

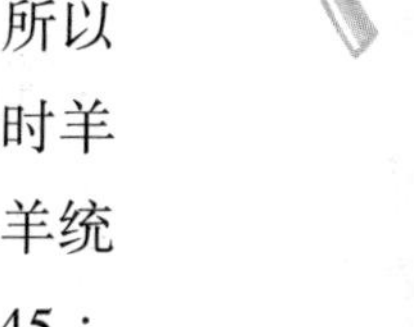

分析：根据题意，我们将鸡和羊两个量统一成相同的份数。先计算前三项，玉米、鸡和羊的比，[3，15]=15，所以玉米∶鸡∶羊=(14×5)∶(3×5)∶2=70∶15∶2。此时羊的份数依旧不统一，所以需要再化一次，[2，3]=6，将羊统一成6份。最后可以计算出玉米∶鸡∶羊∶兽皮=210∶45∶

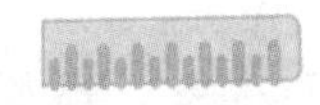

6∶2，即1张兽皮可以换105穗玉米。

解：玉米　鸡　羊　兽皮

玉米		鸡		羊		兽皮
14	∶	3				
×15		×15				
		15	∶	2		
		×3		×3		
				3	∶	1
				×2		×2
210	∶	45	∶	6	∶	2
105	∶	22.5	∶	3	∶	1

因为210穗玉米=45只鸡=6只羊=2张兽皮，

所以105穗玉米=22.5只鸡=3只羊=1张兽皮。

答：1张兽皮可以换105穗玉米。

例2：小明家饲养的羊与猪的数量比为26∶5，牛与马的数量比为25∶9，猪与马的数量比为10∶3。已知小明家一共饲养家畜的数量是660，请问羊、猪、马和牛分别有多少？

分析：根据题意，我们将猪和马两个量统一成相同的份数。先计算前三项，羊、猪和马的比，[5，10]=10，所以羊∶猪∶马=（26×2）∶（5×2）∶3=52∶10∶3。此时马的份数依旧不统一，所以需要再化一次，[3，9]=9，将马统一成9份。最后可以计算出羊∶猪∶马∶牛=156∶30∶9∶25。已知总数，就可以分别计算出它们的数量。

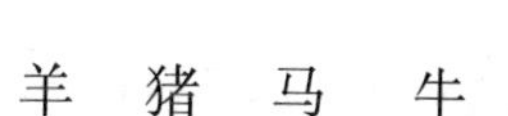

羊　猪　马　牛

26 ：5

×6　×6

　　10 ：3

　　×3　×3

　　　　9 ：25

156：30 ： 9 ：25

解：[5，10]=10。

羊：猪：马=（26×2）：（5×2）：3

=52：10：3。

[3，9]=9。

羊：猪：马：牛=（26×6）：（5×6）：9：25

=156：30：9：25。

156+30+9+25=220。

660÷220=3。

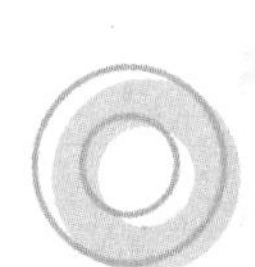

羊的数量：156×3=468（只）；

猪的数量：30×3=90（头）；

马的数量：9×3=27（匹）；

牛的数量：25×3=75（头）。

答：小明家养羊468只，猪90头，马27匹，牛75头。

应用习题与解析

1. 基础练习题

（1）作业本上的6个小星星可以换2面小红旗。小明的作

业本上已经有了15个小星星，请问15个小星星可以换多少面小红旗？

考点：连比例问题。

分析：已知“6个小星星可以换2面小红旗”，那么小星星和小红旗的比就是6：2。

解：设15个小星星可以换x面小红旗。根据题意，得

$6:2=15:x$，

$6x=15\times 2$，

$x=5$。

答：15个小星星可以换5面小红旗。

（2）甲数和乙数的比是2：3，乙数和丙数的比是4：5。请问甲数和丙数的比是多少？

考点：连比例问题。

分析：已知“甲数和乙数的比是2：3，乙数和丙数的比是4：5”，把两个比中的乙数化为相同的份数：先找到3和4的最小公倍数12，那么甲数和乙数的比2：3=8：12，乙数和丙数的比4：5=12：15，所以甲数和丙数的比是8：15。

解：[3，4]=12。

甲数：乙数=2：3=（2×4）：（3×4）=8：12，

乙数：丙数=4：5=（4×3）：（5×3）=12：15，

所以甲数：丙数=8：15。

答：甲数和丙数的比是8：15。

（3）水果店运进一批水果，梨与香蕉质量的比是5：2，香蕉与苹果质量的比是3：4。这三种水果一共运来580千克，请问运来苹果多少千克？

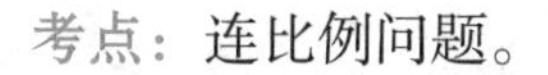

考点：连比例问题。

分析：已知梨与香蕉质量的比是5∶2，把梨的质量看作5份，香蕉的质量就是2份。香蕉与苹果质量的比是3∶4，如果把苹果的质量看作4份，香蕉的质量就是3份。这里香蕉的质量是不变量，所以把香蕉的质量都看成[2，3]=6（份），梨、香蕉、苹果质量的比就是15∶6∶8。根据三种水果的总质量和三种水果质量的比，就能求出苹果的质量。

梨　香蕉　苹果

5 ∶ 2

×3　×3

3 ∶ 4

×2　×2

15 ∶ 6 ∶ 8

解：[2，3]=6。

5×3=15，

2×3=6，

4×2=8。

580÷（15+6+8）×8=160（千克）。

答：运来苹果160千克。

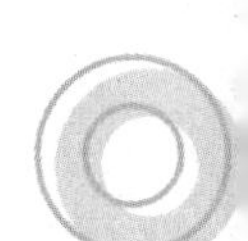

2. 巩固提高题

（1）已知A∶B=7∶6，B∶C=8∶9。求A∶B∶C。

考点：连比例问题。

分析：[6，8]=24，根据比的基本性质，A∶B=7∶6=（7×4）∶（6×4）=28∶24；B∶C=8∶9=（8×3）∶（9×3）=24∶27，所以A∶B∶C=28∶24∶27。

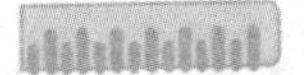

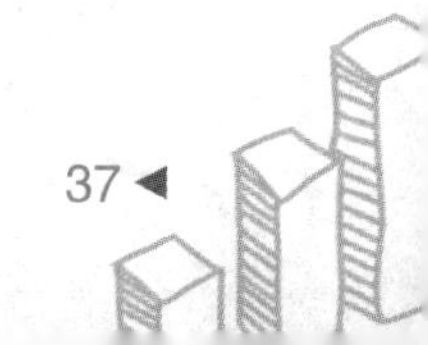

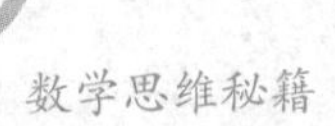

解：[6，8]=24。

A∶B=7∶6=(7×4)∶(6×4)=28∶24，

B∶C=8∶9=(8×3)∶(9×3)=24∶27，

所以A∶B∶C=28∶24∶27。

（2）某日甲、乙、丙三个柜台的营业额共5.5万元，甲、乙柜台营业额之比为2∶3，乙、丙柜台营业额之比为1∶2。请问三个柜台的营业额各多少元？

考点：连比例问题。

分析：根据已知条件，可以知道乙柜台的营业额可作为参考量，要把乙的营业额统一，[1，3]=3份。所以，甲∶乙=2∶3，乙∶丙=1∶2=(1×3)∶(2×3)=3∶6，甲∶乙∶丙=2∶3∶6。

解：甲∶乙=2∶3，

乙∶丙=1∶2=(1×3)∶(2×3)=3∶6，

甲∶乙∶丙=2∶3∶6。

甲的营业额：$55000\times\frac{2}{2+3+6}=10000$（元）；

乙的营业额：$55000\times\frac{3}{2+3+6}=15000$（元）；

丙的营业额：$55000\times\frac{6}{2+3+6}=30000$（元）。

答：甲的营业额是10000元，乙的营业额是15000元，丙的营业额是30000元。

（3）小明与小丽的图书数量之比为1∶2，小华的图书数量比小明的$\frac{1}{3}$多3本。小华、小明、小丽共有43本图书，请问他们各有多少本书？

考点：连比例问题。

分析：从题目中“小华的图书数量比小明的$\frac{1}{3}$多3本”，如果我们把总本数去掉小华多的3本，那么小华的图书数量是小明的$\frac{1}{3}$，这句话也可以说成小华的图书数量与小明的比是1∶3。

小华　小明　小丽

$$\begin{array}{ccc} 1 & : & 3 & & \\ & & 1 & : & 2 \\ & & \times 3 & & \times 3 \\ \hline 1 & : & 3 & : & 6 \end{array}$$

所以小华、小明、小丽的图书的数量比为：小华∶小明∶小丽=1∶3∶6。

40本图书正好共分成3＋1＋6＝10（份），（43－3）÷（3+1+6）=4（本），求的是1份的本数。从而可以计算出他们各自有多少本书。

解：将总本数减去3本，则小华的图书数量是小明的$\frac{1}{3}$。

[1，3]=3。

小华∶小明=1∶3，

小明∶小丽=3∶6，

小明∶小丽=1∶3∶6。

（43−3）÷（3+1+6）=4。

小明：4×3=12（本）；

小华：4×1+3=7（本）；

小丽：4×6=24（本）。

答：小明有12本书，小华有7本书，小丽有24本书。

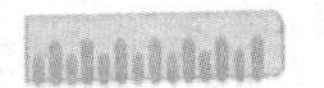

奥数习题与解析

1. 基础训练题

（1）用120厘米的铁丝做一个长方体的框架。长、宽、高的比是3∶2∶1。这个长方体的长、宽、高分别是多少？

分析：题目中“长、宽、高的比是3∶2∶1”就是说把棱长按照3∶2∶1来分配。将棱长分成6份，其中长占3份、宽占2份、高占1份，从而可以求得长、宽、高所分得的长度。而一个长方体有4条长、4条宽、4条高，再用它们的长度分别除以4，就可以得出相应的结果。

解：3+2+1=6。

因为长∶宽∶高=3∶2∶1，

所以长$=120\times\frac{3}{6}\div4=15$（厘米）；

宽$=120\times\frac{2}{6}\div4=10$（厘米）；

高$=120\times\frac{1}{6}\div4=5$（厘米）。

答：长方体的长是15厘米，宽是10厘米，高是5厘米。

（2）图2.3-1中阴影面积是大圆面积的$\frac{2}{23}$，是小圆面积的$\frac{1}{5}$。请问阴影、大圆、小圆面积的比是多少？已知阴影面积是10平方厘米，大圆、小圆的面积分别是多少？

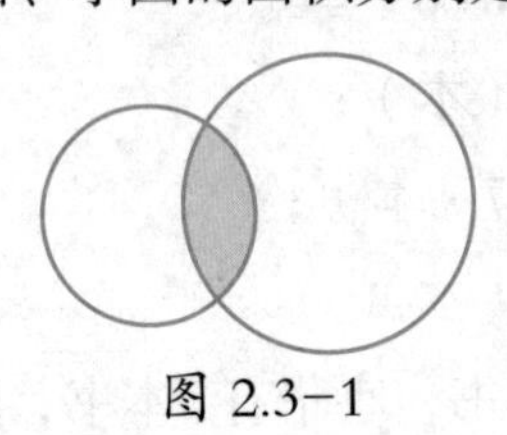

图 2.3-1

分析：已知“阴影面积是大圆面积的$\frac{2}{23}$，是小圆面积的$\frac{1}{5}$”，就是阴影面积∶大圆面积=2∶23，阴影面积∶小圆面积=1∶5，其中阴影面积是不变量，统一它的面积的份数就可以计算出它们三个的比例。已知阴影面积是10平方厘米，根据前一问求出的比例，从而可以计算出面积。

解：因为阴影面积是大圆面积的$\frac{2}{23}$，是小圆面积的$\frac{1}{5}$，

所以，阴影面积∶大圆面积=2∶23，

阴影面积∶小圆面积=1∶5。

因为[1，2]=2，

所以阴影面积∶小圆面积=（1×2）∶（5×2）=2∶10，

阴影面积∶大圆面积∶小圆面积=2∶23∶10。

因为阴影面积是10平方厘米，

所以大圆面积为$10\div\frac{2}{23}=115$（平方厘米）；

小圆面积为$10\div\frac{1}{5}=50$（平方厘米）。

答：阴影面积∶大圆面积∶小圆面积=2∶23∶10。大圆面积是115平方厘米，小圆面积是50平方厘米。

2. 拓展训练题

某收费站对过往车辆的收费标准为：大客车20元/辆，中巴车15元/辆，小轿车10元/辆。某日通过这个收费站的大客车和中巴车的数量比为5∶12，中巴车与小轿车的数量比为4∶11，收取小轿车的通行费比大客车多690元。这一天通过收费站的大客车、中巴车和小轿车各多少辆？

分析：这个问题的数量关系比较复杂。解决此类问题，我

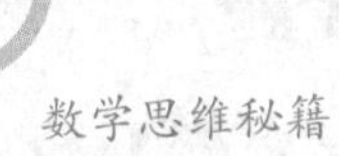

们需要进行分解，逐步梳理问题中涉及的数量关系。由于问题中“690元”是小轿车与大客车的通行费之差，所以我们需要知道各自总通行费之比是多少，而要知道各自总通行费之比，则要先算出单价比和辆数比。

尽管这道题比较复杂，但其实每一步都是围绕单价、数量和总价这三个数量之间的关系展开的。在这个过程中，三种车辆相互之间的关系都是用比表示的。最终找到具体量（相差的690元）的对应份数（23份），就可以解决问题了。

解：① 因为收费标准为大客车20元/辆，中巴车15元/辆，小轿车10元/辆，所以收费标准的比是大客车：中巴车：小轿车=20：15：10=4：3：2。

② 因为大客车和中巴车的数量比为5：12，中巴车与小轿车的数量比4：11，中巴车：小轿车=4：11=（4×3）：（11×3）=12：33，所以数量比为大客车：中巴车：小轿车=5：12：33。

③大客车总通行费：中巴车总通行费：小轿车总通行费

=（4×5）：（3×12）：（2×33）

=20：36：66=10：18：33。

④ 在上面的比中，我们可以把大客车的总通行费看成10份，中巴车18份，小轿车33份。那么，“小轿车的通行费比大客车多690元”就是33−10=23（份）。

每份对应的费用是690÷（33−10）=30（元）。

大客车的总通行费：30×10=300（元）；

中巴车的总通行费：30×18=540（元）；

小轿车的总通行费：30×33=990（元）。

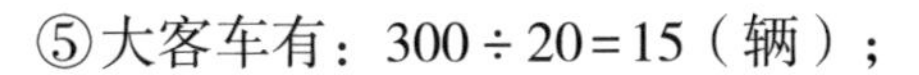

⑤大客车有：300 ÷ 20 = 15（辆）；

中巴车有：540 ÷ 15 = 36（辆）；

小轿车有：990 ÷ 10 = 99（辆）。

答：这一天通过收费站的大客车15辆，中巴车36辆，小轿车99辆。

课外练习与答案

1．基础练习题

（1）购买5千克橙子的钱可以买6千克苹果，买3千克苹果的钱可以买2千克葡萄。请问购买10千克橙子的钱能够买多少千克葡萄？

（2）已知甲∶乙=3∶4，乙∶丙=7∶9，求甲∶乙∶丙。

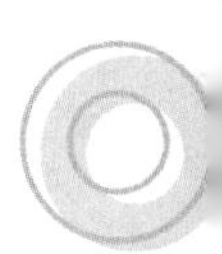

（3）运来橘子、苹果和梨一共290千克，橘子和苹果的质量的比是5∶6，梨和苹果的质量的比是1∶10。请问橘子比梨多多少千克？

（4）兄弟三人共同出资援建希望小学，老大和老二出资额的比是3∶5，老三和老大出资额的比是3∶4。已知兄弟三人援建希望小学一共是820万元，兄弟三人分别出资多少万元？

（5）有一天，妈妈给三兄弟煮了些饺子后就出门办事去了。三兄弟看着饺子，开始了一番讨论。老二说："哥哥要是吃1个，我就吃2个。"老三说："二哥要是吃3个，我就吃4个！"请问三兄弟到底谁最贪心？

（6）某车间140名工人实行三班制，早班和中班的人数之比为2∶3，中班和晚班的人数比是4∶5。请问上早、中、

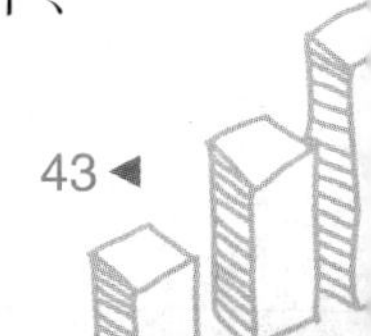

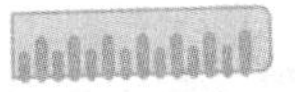

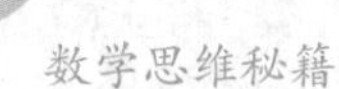

晚班人数分别是多少人？

2. 提高练习题

（1）大型货车每次运货25吨，中型货车每次运货10吨，小型货车每次运货2.5吨。用这三种货车运一批货物，大型货车与中型货车运送的次数之比为2∶3，中型货车与小型货车运送的次数之比为5∶8，最后大型货车比小型货车多运送货物190吨。中型货车运送货物多少吨？

（2）某车间有86个工人，若每人可以加工A种零件15个或B种零件12个或C种零件9个。请问应怎样安排三种零件的加工人数，才能使3个A种零件，2个B种零件和1个C种零件恰好配套？

（3）甲读一本书，已读与未读的页数之比是3∶4，后来又读了33页，已读与未读的页数之比变为5∶3。请问这本书一共有多少页？

（4）两个相同的瓶子装满酒精溶液，一个瓶子中酒精与水的体积比是3∶1，另一个瓶子中酒精与水的体积比是4∶1。若把两瓶酒精溶液混合，则混合后的酒精和水的体积之比是多少？

（5）一块试验田，以前这块地所种植的是普通水稻。现在将该试验田的$\frac{1}{3}$种上超级水稻，收割时发现该试验田水稻总产量是以前总产量的1.5倍。若普通水稻的产量不变，则超级水稻的平均产量与普通水稻的平均产量之比是多少？

（6）甲、乙、丙三种商品单价分别是30元、15元和10元。已知购得甲商品和乙商品的数量之比是5∶6，乙商品和丙商品的数量之比是4∶11，且购买丙商品比购买甲商品多花

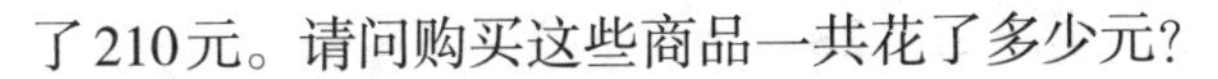

了210元。请问购买这些商品一共花了多少元？

3. 经典练习题

（1）六年级有三个班，六（1）班和六（2）班的人数之比是6∶5，六（2）班人数与六（3）班人数之比为4∶5。请问三个班人数的比是多少呢？

（2）六年级三个班总共有138人，六（1）班人数与六（2）班人数之比为6∶5，六（2）班人数与六（3）班人数之比为4∶5。请问三个班各有多少人？

（3）生产队饲养的鸡与猪的数量比是26∶5，羊与马的数量比是25∶9，猪与马的数量比是10∶3。请问鸡与羊的数量比是多少？若有羊100只，则鸡有多少只？

（4）某小学有学生697人，已知低年级学生数的$\frac{1}{2}$等于中年级学生数的$\frac{2}{5}$，低年级学生数的$\frac{1}{3}$等于高年级学生数的$\frac{2}{7}$。请问该学校低、中、高年级各有多少名学生？

（5）学校把414棵树苗按各班人数分给六年级的三个班，六（1）班和六（2）班分得树苗的比是2∶3，六（2）班和六（3）班分得树苗的比是5∶7。请问各班各分得多少棵树苗？

（6）果园里有4种果树，苹果树与梨树的比是16∶5，橘子树与桃树的比是14∶9，梨树与桃树的比是10∶3。请问苹果树与橘子树的比是多少？

答案

1. 基础练习题

（1）购买10千克橙子的钱能够买8千克葡萄。

（2）甲：乙：丙=21：28：36。

（3）橘子比梨多110千克。

（4）老大出资240万元，老二出资400万元，老三出资180万元。

（5）老三最贪心。

（6）早班有32人，中班有48人，晚班有60人。

2. 提高练习题

（1）中型货车运送货物150吨。

（2）加工A零件的工人36人，B零件的工人30人，C零件的工人20人，恰好配套。

（3）这本书共有168页。

（4）酒精与水的体积之比为31：9。

（5）超级水稻与普通水稻的平均产量之比为5：2。

（6）这些商品一共花了5670元。

3. 经典练习题

（1）六（1）、六（2）和六（3）三个班的人数之比为24：20：25。

（2）六(1)班有48人，六(2)班有40人，六(3)班有50人。

（3）鸡：羊的数量比是156：25。若有羊100只，则鸡有624只。

（4）低年级有204名学生，中年级有255名学生，高年级有238名学生。

（5）六(1)班分90棵，六(2)班分135棵，六(3)班分189棵。

（6）苹果树与橘子树的比是48：7。

◆ 从求平均到求混合

今天，马先生提出混合比例的问题，按照一般小学数学教科书上的说法，将混合比例的问题分成四类，马先生就按照这种顺序讲解。

第一，求平均价。

例1：上等酒2斤，每斤35元；中等酒3斤，每斤30元；下等酒5斤，每斤20元。三种相混，每斤值多少钱？

这又是已经讲过的老题目，但周学敏这次却不说话了，他大概和我一样，正期待着马先生的花样翻新吧。

“这个题目，前面（《经典题型》）已经讲过，你们还记得吗？”马先生问。

“记得！”好几个人回答。

“现在，我们已有了比例的概念和它的表示法，无妨变一个花样。”果然马先生要换一种方法了，“你们用纵线表示价格，横线表示斤数，先画出正好表示上等酒2斤一共价钱的线段。”

当然，这是非常容易的，我们画了线段OA，如图3-1。

“再从A起画表示中等酒3斤一共的价钱的线段。”

我们又作线段AB。

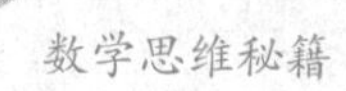

“又从B起画表示下等酒5斤一共的价钱的线段。”

这就是BC。

“连接OC。”我们照办了。

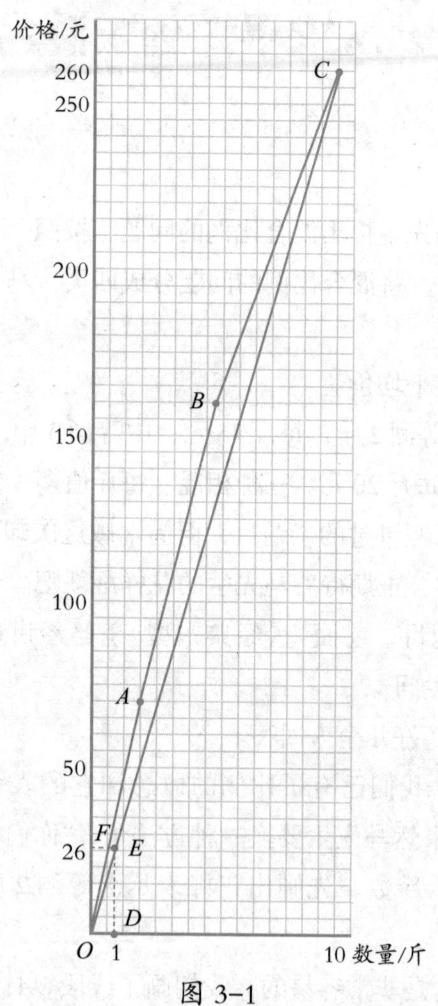

图 3-1

马先生问：“由OC看来，三种酒一共价值多少？”

“260元。”我说。

“一共几斤？”

“10斤。”周学敏说。

“怎样找出1斤的价钱呢？”

“由指示1斤的D点。”王有道说，“画纵线和OC交于点E，由E横看得F，它指出26元来。”

“对的！这种做法并不比前面所用的简单，不过对于以后的题目来说，却比较适用。”马先生这样做一个小小的结束。

第二，求混合比。

例2：上茶每斤价值120元，下茶每斤价值80元。现在要混成每斤价值95元的茶，应当依照怎样的比来配合呢？

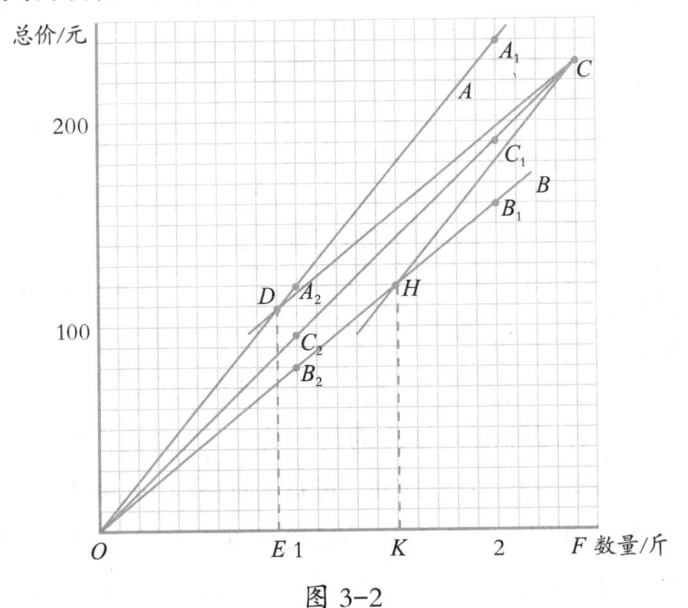

图 3–2

依照前面马先生所给的暗示，我先做好表示每斤120元、每斤80元和每斤95元的三条线OA、OB和OC（如图3–2）。再将它和图3–1比较一下，我就想到将OB搬到OC的上面去，

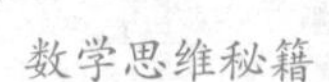

便是由C作CD平行于OB。它和OA交于D，由D往下到横线上得E。

上茶∶下茶$=OE:EF=9:15=3:5$。

上茶3斤价值360元，下茶5斤价值400元，一共8斤价值760元，每斤正好价值95元。

自然，将OA搬到OC的下面，也是一样的。即过C作CH平行于OA，它和OB交于H。由H往下到横线上，得K。

下茶∶上茶$=OK:KF=15:9=5:3$。

结果完全一样，不过顺序不同罢了。

其实这个比由A_1、C_1、B_1和A_2、C_2、B_2的关系就可看出来的：

$A_1C_1:C_1B_1=5:3$，

$A_2C_2:C_2B_2=2\frac{1}{2}:1\frac{1}{2}=\frac{5}{2}:\frac{3}{2}=5:3$。

把这种情形，和数学上的计算法比较，更是有趣。

平均价	原　价	损　益	混合比	
95元（OC）	上120元（OA） 下80元（OB）	−25元（A_2C_2） +15元（B_2C_2）	15（EF） 9（OE）	5（A_1C_1或A_2C_2） 3（C_1B_1或C_2B_2）

例3：有四种酒，每斤的价格为：A，5元；B，7元；C，12元；D，14元。怎样混合成每斤价格为9元的酒？

作图（如图3−3）容易，依照每斤的价格，画OA、OB、OC、OD和OE五条直线。再过E作OA的平行线，和OC、OD分别交于F、G。又过E作OB的平行线，和OC、OD分别交于H、I。由F、G、H、I各点，相应地便可得出A和C、A和D、B和C，B和D的混合比来。配合这些比，就可得出所

求的数。因为配合方法不同，形式也就各别了。

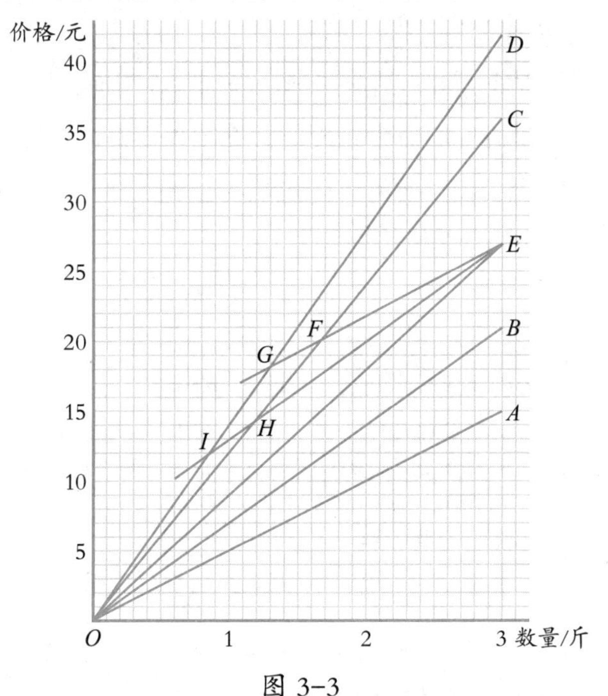

图 3–3

马先生说，本题由 F、G、H、I 各点去找 A 和 C、A 和 D、B 和 C，B 和 D 的比，反不如就 AE、BE、CE、DE 看，更加简明。依照这个看法：

$AE=12$，$BE=6$，$CE=9$，$DE=15$。

因为只用到它们的比，所以可以变成：

$AE=4$，$BE=2$，$CE=3$，$DE=5$。

再注意把它们的损益相消，就可以配成了。配合的方式，本题可有七种。马先生叫我们共同探讨，将数学上的算法，和图对照起来看，这实在是又切实又有趣的工作了。

本来，我们按照老办法计算的时候，方法虽懂得，结果虽

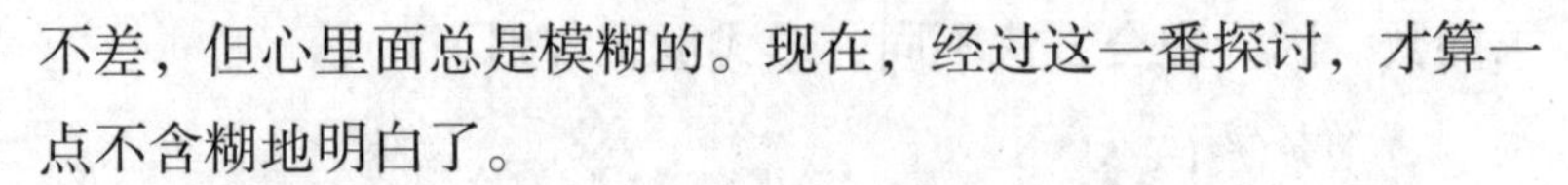

不差，但心里面总是模糊的。现在，经过这一番探讨，才算一点不含糊地明白了。

配合的方式，可归结成三种，分别写在下面：

（一）损益各取一个相配的，在图3-3中，就是OE线的上（损）和下（益）各取一个相配。

（1）A和D、B和C配。

	原　价	损　益	混合比
平均价9元（OE）	A 5元（OA）	+4元（AE下）	5（DE）
	B 7元（OB）	+2元（BE下）	3（CE）
	C 12元（OC）	−3元（CE上）	2（BE）
	D 14元（OD）	−5元（DE上）	4（AE）

（2）A和C、B和D配。

	原　价	损　益	混合比
平均价9元（OE）	A 5元（OA）	+4元（AE下）	3（CE）
	B 7元（OB）	+2元（BE下）	5（DE）
	C 12元（OC）	−3元（CE上）	4（AE）
	D 14元（OD）	−5元（DE上）	2（BE）

（二）取损或益中的一个和益或损中的两个分别相配，其他一个损或益和一个益或损相配。

（3）D和A、B各相配，C和A配。

	原　价	损　益	混合比			
平均价9元	A 5元	+4元	5（DE）		3（CE）	8
	B 7元	+2元		5（DE）		5
	C 12元	−3元			4（AE）	4
	D 14元	−5元	4（AE）	2（BE）		6

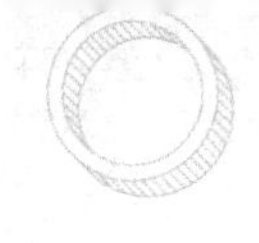

（4）D和A、B各相配，C和B相配。

	原　价	损　益	混合比			
平均价 9元	A 5元	+4元	5（DE）			5
	B 7元	+2元		5（DE）	3（CE）	8
	C 12元	−3元			2（BE）	2
	D 14元	−5元	4（AE）	2（BE）		6

（5）C和A、B各相配，D和A相配。

	原　价	损　益	混合比			
平均价 9元	A 5元	+4元	3（CE）		5（DE）	8
	B 7元	+2元		3（CE）		3
	C 12元	−3元	4（AE）	2（BE）		6
	D 14元	−5元			4（AE）	4

（6）C和A、B相配，D和B相配。

	原　价	损　益	混合比			
平均价 9元	A 5元	+4元	3（CE）			3
	B 7元	+2元		3（CE）	5（DE）	8
	C 12元	−3元	4（AE）	2（BE）		6
	D 14元	−5元			2（BE）	2

（三）取损或益中的每一个，都和益或损中的两个相配。

（7）D和C各都同A和B相配。

	原　价	损　益	混合比					
平均价 9元	A 5元	+4元	5（DE）		3（CE）		8	4
	B 7元	+2元		5（DE）		3（CE）	8	4
	C 12元	−3元			4（AE）	2（BE）	6	3
	D 14元	−5元	4（AE）	2（BE）			6	3

第三，知道了全量，求混合量。

例4：鸡、兔同笼，共19个头，52只脚，求鸡、兔各有几只？

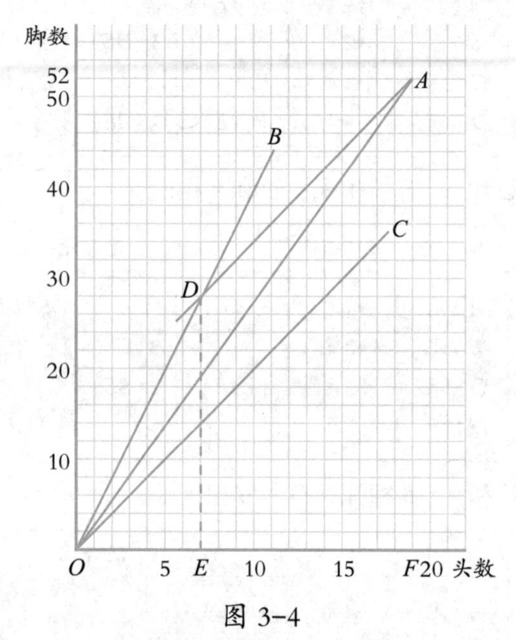

图 3-4

这原是马先生说过，在混合比例中还要讲的。到了现在，平心而论，我已掌握它的算法了：先求混合比，再依按比分配的方法，把总数分开即可。

如图3-4，用纵线表示脚数，横线表示头数，点A对应19个头和52只脚。

连接OA表示平均的脚数，作OB和OC表示兔和鸡的数目。又过点A作AD平行于OC，和OB交于D。

由D往下看到横线上，得E。OE指示7，是兔的只数；EF指出12，是鸡的只数。

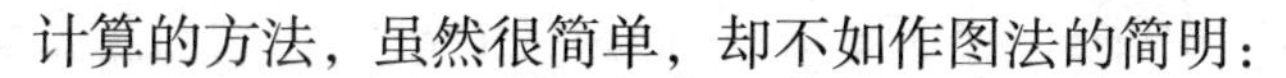

计算的方法，虽然很简单，却不如作图法的简明：

	每只脚数	相　差	混合比		
平均脚数 $\frac{52}{19}$（OA）	鸡 2（OC）	少 $\frac{14}{19}$（下）	$\frac{24}{19}$	24	12
	兔 4（OB）	多 $\frac{24}{19}$（上）	$\frac{14}{19}$	14	7

在这里，因为混合比的两项12同7的和正好是19，所以用不着再计算一次按比分配了。

例5：上、中、下三种酒，每斤的价格分别是35元、30元和20元。要混合成每斤25元的酒100斤，每种酒各需多少？

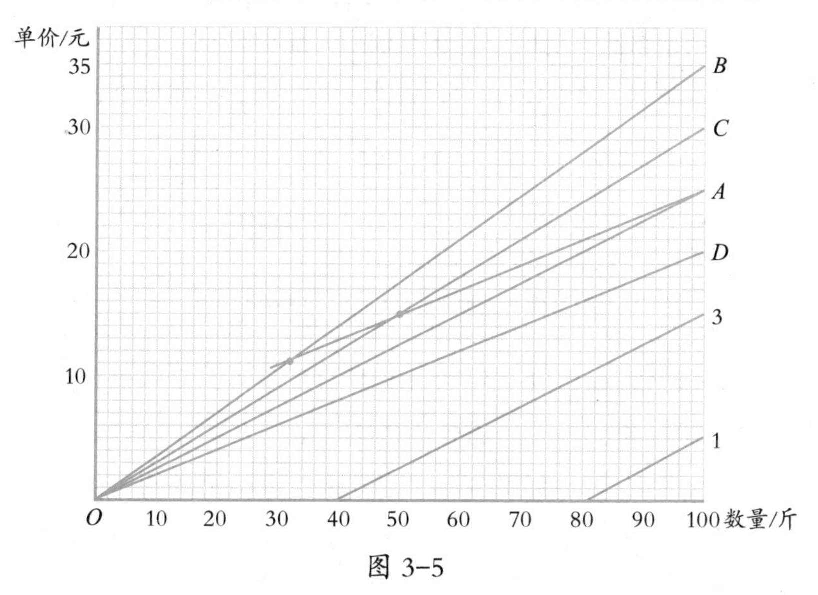

图 3–5

如图3–5，作OA、OB、OC和OD分别表示每斤价格25元、35元、30元和20元的酒。这个图正好表出：上种酒损10

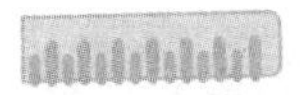

元，BA；中种酒损5元，CA；而下种酒益5元，DA。因而混合比是：

上 中 下　　上 中 下　　上 中 下

$$\left.\begin{matrix}5:\quad 10\\ 5:5\quad\end{matrix}\right\}\text{即}\left.\begin{matrix}1:\quad 2\\ 1:1\end{matrix}\right\}\text{即}\ 1:1:3$$

依照这个比，在右边纵线上取1和3，过1和3作直线平行于OA，分别交横线于80和40。从80到100是20，从40到100是60。即上酒20斤、中酒20斤、下酒60斤。

算法和前面一样，不过最后需要按照1∶1∶3的比分配100斤罢了。所以，本不想把式子写出来。但是，马先生却问："这个结果自然是对的了，还有别的分配法吗？"

为了回答这个问题，只得将式子写出来，具体如下：

	原　价	损　益	混合比			
平均价 25元（OA）	上35元（OB）	−10元（BA上）	5（OA）		5	1
	中30元（OC）	−5元（CA上）		5（CA）	5	1
	下20元（OD）	+5元（DA下）	10（BA）	5（CA）	15	3

混合比仍是1∶1∶3，把100斤分配下来，自然仍分别是20斤、20斤和60斤了，还有什么疑问呢？

不！但是不！马先生说："比是活动的，在这里，上比下和中比下，分别为5∶10和5∶5，也就是1∶2和1∶1。从根本上讲，只要按照这两个比，分别取出各种酒相混合，损益都正好相抵消而合于平均价，所以，（1）和（2）是已用过的，（3）（4）（5）（6）和（7）都可得出答数来。"

混合比		(1)			(2)			(3)			(4)			(5)			(6)			(7)		
	上	5		5	1		1	1		1	2		2	3		3	6		6	7		7
	中		5	5		1	1		11	11		7	7		8	8		1	1		2	2
	下	10	5	15	2	1	3	2	11	13	4	7	11	6	8	14	12	1	13	14	2	16

是的，由（3），1、11、13的和是25，所以

上：$100\times\frac{1}{25}=4$（斤）；中：$100\times\frac{11}{25}=44$（斤）；下：$100\times\frac{13}{25}=52$（斤）。

由（4），2、7、11的和是20，所以

上：$100\times\frac{2}{20}=10$（斤）；中：$100\times\frac{7}{20}=35$（斤），下：$100\times\frac{11}{20}=55$（斤）。

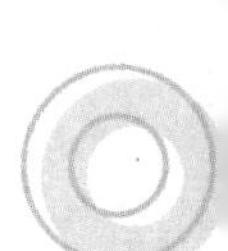

由（5），3、8、14的和是25，所以

上：$100\times\frac{3}{25}=12$（斤）；中：$100\times\frac{8}{25}=32$（斤）；下：$100\times\frac{14}{25}=56$（斤）。

由（6），6、1、13的和是20，所以

上：$100\times\frac{6}{20}=30$（斤）；中：$100\times\frac{1}{20}=5$（斤）；下：$100\times\frac{13}{20}=65$（斤）。

由（7），7、2、16的和是25，所以

上：$100\times\frac{7}{25}=28$（斤）；中：$100\times\frac{2}{25}=8$（斤）；下：$100\times\frac{16}{25}=64$（斤）。

“除了这几种，还有没有呢？”我正有这个疑问，马先生却问了出来，但是没有人回答。后来，他说有，但还有个根本的问题要先解决。

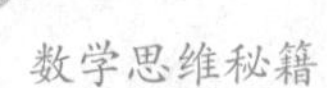

又是什么问题呢？马先生问：“你们就这几个例看，能得出什么结论呢？”

“各个连比三次的和，是5（2）、20[（4）和（6）]、25[（1）（3）（5）和（7）]，都是100的因数。”王有道说。

“这就是根本问题。”马先生说，“因为我们要的是整数的答数，所以这些数就得除得尽100。”

“那么，能够配来合用的比，只有这么多了吗？”周学敏问。

“不只这些，不过配成各项的和是5或20或25的，只有这么多了。”马先生回答。

“怎么知道的呢？”周学敏追问。

“那是一步一步推算的结果。”马先生说，“现在你仔细看前面的六个连比。把（2）作基本，因为它是最简单的一个。在（2）中，我们又用上和下的比1∶2作基本，将它的形式改变。再把中和下的比1∶1也跟着改变，来凑成三项的和是5或20或25。例如，用2去乘这两项，得2∶4，它们的和是6。20减去6剩14，折半是7，就用7乘第二个比的两项，这样就是（4）。”

“用2乘第一个比的两项，得2∶4，它们的和是6。第二个比的两项，也用2去乘，得2∶2，它们的和是4。连比变成2∶2∶6，三项的和是10，也能除尽100。为什么不用这一个连比呢？”王有道问。

“不是不用，是可以不用。因为2∶2∶6和（1）的5∶5∶15及（2）的1∶1∶3是相同的。由此可以看出，乘第一个比的两项所用的数，必须和乘第二个比的两项所用的数不同，结果才不同。”

马先生回答后，王有道又说：“我们索性再进一步探究。第一个比1∶2，两项的和是3，是一个奇数。第二个比1∶1，两项的和是2，是一个偶数。所以，第一个比的两项，无论用什么数（整数）去乘，它们的和总是3的倍数。并且，乘数是奇数，这个和也是奇数；乘数是偶数，它也是偶数。再说奇数加偶数是奇数，偶数加偶数仍然是偶数。”

跟着这几个法则，我们来检查上面的（3）（5）（6）（7）四种混合比。

（3）的第一个比的两项没有变，就算是用1去乘，结果两项的和是奇数，所以连比三项的和也只能是奇数，它就只能是25。

（5）的第一个比的两项，是用3去乘的，结果两项的和是奇数，所以连比三项的和也只能是奇数，它就只能是25。

在这里，要注意，如果用4去乘第一个比的两项，结果它们的和是12，只能也用4去乘第二个比的两项，使它成4∶4，而连比成为4∶4∶12，这和（1）和（2）一样。如果用5去乘第一个比的两项，不用说，得出来的就是（1）了。

所以（6）的第一个比的两项是用6去乘的，结果它们的和是18，为偶数，所以连比三项的和只能是20。20减去18剩2，正是第二个比两项的和。

用7去乘第一个比的两项，结果，它们的和是21，是奇数，所以连比三项的和只能是25。25减去21剩4，折半得2，所以第二个比，应该变成2∶2，这就是（7）。

假如用8及以上的数去乘第一个比的两项，结果它们的和已在24及以上，连比三项的和当然超过25。这就说明了配成

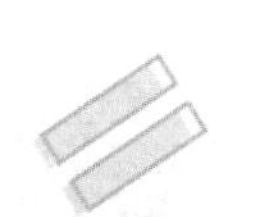

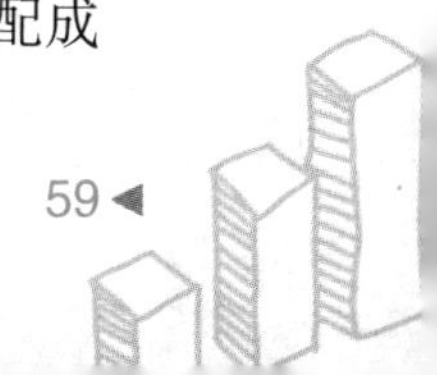

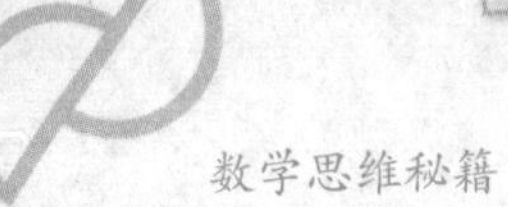

连比三项的和是5或20或25的，只有（2）（3）（4）（5）（6）（7）六种。

“那么，这个题，也就只有这六种答案了？”一个同学问。

“不！我已经回答过周学敏。连比三项的和，合用的，还有什么？”马先生又问周学敏。

“50和100。”周学敏回答。

“对！那么，还有几种方法可以配合呢？”马先生又问。

“……”

“没有人能回答上来吗？这不是很方便吗？”马先生说，“其实也是很呆板的。第一个比变化后，两项的和总是3的倍数，这是第一点。（7）的第一个比两项的和已是21，这是第二点。50和100是偶数，所以变化下来的结果，第一个比两项的和必须是3的倍数，而又是偶数，这是第三点。由这三点去想吧！先从50起。

“由第一、二点想，21以上50以下的数，有几个数是3的倍数？”马先生问。

“50减去21剩29，3除29可得9，一共有9个。”周学敏说。

“再由第三点看，只能用偶数，9个数中有几个可用？”

“21以后，第一个3的倍数是偶数。50前面，第一个3的倍数，也是偶数。所以有5个可用。”王有道说。

“不错。24、30、36、42和48，正好5个。”我一个一个地想了出来。

“那么，连比三项的和，配成这五个数，都合用吗？”马先生问。

大概这中间又有什么问题了。我就把五个连比都做了出来。结果，真是有问题。

第一：用10乘第一个比的两项，得10：20，它们的和是30。50减去30剩20，折半得10，连比便成了10：10：30，等于1：1：3，同（2）是一样的。

第二：用14乘第一个比的两项，得14：28，它们的和是42。50减去42剩8，折半得4，连比便成了14：4：32，等于7：2：16，同（7）一样。

我将这个结果告诉了马先生，他便说："可见得，只有三种方法可配合了。连同上面的六种，（1）和（2）只是一种，一共不过九种。此外，就没有了吗？"

我觉得，这倒很有意思。把九种比写出来一看，除前面的（2），它是作基本的以外，都是用一个数去乘（2）的第一个比的两项得出来的。这些乘数，依次是1、2、3、6、7、8、12和16。

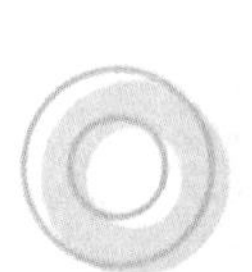

用5、10或14作乘数的结果，都与这九种中的一种重复。用9、11、13或15去乘是不合用的。我正在玩味这些情况，突然周学敏大声说："马先生，不对！"

"怎么？你发现了什么？"马先生很诧异。

"前面的（4）和（6），第一个比两项的和都是偶数，不是也可以将连比配成三项的和都是50吗？"周学敏得意地说。

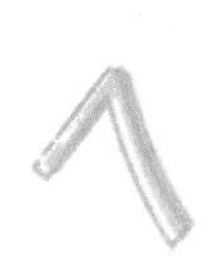

"好！你试试看。"马先生说，"这个漏洞你算发现了。"我觉得很奇怪，为什么马先生早没有注意到呢？

"（4）的第一个比，两项的和是6。50减去6剩44，折半是22，所以第二个比可变成22：22，连比是2：22：26。"周

学敏说。

“用2去约来看。”马先生说。

“是1∶11∶13。”周学敏说。

“这不是和（3）一样吗？”马先生说。周学敏却为难了。

接着，马先生又说：“本来，这也应当探究的，再把那一个试试看。”我知道，这是他在安慰周学敏。其实周学敏的这种精神，我也觉得佩服。

“（6）的第一个比，两项的和，是18。50减去18剩32，折半得16，所以连比是6∶16∶28。还是可用2去约，约下来是3∶8∶14，正和（5）一样。”周学敏连不合用的理由也说了出来。

“好！我们总算把这个问题解析得很透彻了。周学敏的疑问虽然是对的，可惜他没抓住最主要的地方。他只看到前面的七种，不曾想到七种以外。这一点我本来就是要提醒大家的。

“假如用4去乘（2）的第一个比的两项，得的是4∶8，它们的和便是12。50减去12剩38，折半是19。第二比是19∶19。连比便是4∶19∶27。加上前面的九种一共有十种配合法。

“这种探究，不过等于一种游戏。假如没有总数100的限制，混合的方法本来是无穷的。”

对于这样的探究，我觉得很有趣，就把各种结果抄在后面。

（1）

混	上	1		1	20斤	混
合	中		1	1	20斤	合
比	下	2	1	3	60斤	量

（2）

混	上	1		1	4斤	混
合	中		11	11	44斤	合
比	下	2	11	13	52斤	量

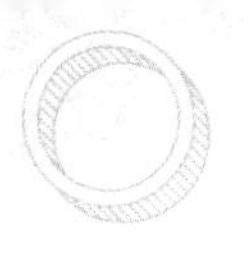

（3）

混	上	2	2	10斤	混
合	中	7	7	35斤	合
比	下	4　7	11	55斤	量

（4）

混	上	4	4	8斤	混
合	中	19	19	38斤	合
比	下	8　19	27	54斤	量

（5）

混	上	3	3	12斤	混
合	中	8	8	32斤	合
比	下	6　8	14	56斤	量

（6）

混	上	6	6	30斤	混
合	中	1	1	5斤	合
比	下	12　1	13	65斤	量

（7）

混	上	7	7	28斤	混
合	中	2	2	8斤	合
比	下	14　2	16	64斤	量

（8）

混	上	8	8	16斤	混
合	中	13	13	26斤	合
比	下	16　13	29	58斤	量

（9）

混	上	12	12	24斤	混
合	中	7	7	14斤	合
比	下	24　7	31	62斤	量

（10）

混	上	16	16	32斤	混
合	中	1	1	2斤	合
比	下	32　1	33	66斤	量

“但是，连比三项的和是100的呢？”一个同学问马先生。

“这也应该探究一番，一不做二不休，干脆尽兴吧！从哪里下手呢？”马先生说。

“就和刚才一样，先找100以内的3的倍数，而且又是偶数的。3除100得33余1，就是一共有33个3的倍数。第一个3

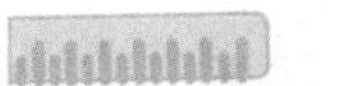

和末一个99都是奇数。所以，100以内，只有16个3的倍数是偶数。”周学敏回答得清楚极了。

“那么，混合的方法，是不是就有16种呢？”马先生又提出了问题。

“只好一个一个地做出来看了。”我说。

“那倒不必这么老实。例如第一个比两项的和既是3的倍数又是偶数，还是4的倍数的，大半就不必要。”马先生提出的这个条件，我还不明白是什么原因。我便追问：“为什么？”

“王有道，你试着解释看。”马先生叫王有道。

“因为，第一，100本是4的倍数。第二，第二个比总是由100减去第一个比的两项的和，折半得出来的，所以至少第二比的两项都是2的倍数。第三，这样合成的连比，三项都是2的倍数。用2去约，结果三项的和就在50以内，与前面用过的便重复了。

“例如24，如果第一个比为8∶16。100减去24，剩76，折半是38，第二个比是38∶38。连比便是8∶38∶54，等于4∶19∶27。”王有道的解释，我明白了。

“照这样说起来，16个数中，有几个不必要的呢？”马先生问。

“同时是3和4的倍数，也就是12的倍数。100用12去除，得8余4。所以有8个是不必要的。”王有道想得真周到。

“剩下的8个数中，还有不合用的吗？”这个问题又把大家难住了。还是马先生来提示：

“30的倍数，也是不必要的。”

这很容易考察，100以内30的倍数，只有30、60和90这

三个。60又是12的倍数，依前面的说法，已不必要了，只剩30和90。它们同着100都是5和10的倍数。100和它们的差，当然是10的倍数，折半后便是5的倍数。

两个比的各项同是5的倍数，它们合成连比的三项自然都可用5去约。结果这两个连比三项的和都成了20，也重复了。所以8个当中又只有6个可用，那就是：

（11）

混	上	2		2	2斤	混
合	中		47	47	47斤	合
比	下	4	47	51	51斤	量

（12）

混	上	6		6	6斤	混
合	中		41	41	41斤	合
比	下	12	41	53	53斤	量

（13）

混	上	14		14	14斤	混
合	中		29	29	29斤	合
比	下	28	29	57	57斤	量

（14）

混	上	18		18	18斤	混
合	中		23	23	23斤	合
比	下	36	23	59	59斤	量

（15）

混	上	22		22	22斤	混
合	中		17	17	17斤	合
比	下	44	17	61	61斤	量

（16）

混	上	26		26	26斤	混
合	中		11	11	11斤	合
比	下	52	11	63	63斤	量

第四，知道了一部分的量，求混合量。

例6：每斤价格分别为8元、6元、5元的三种酒，混合成每斤价格为7元的酒。所用每斤价格为8元和6元酒的斤数比为3∶1，应怎样配合？

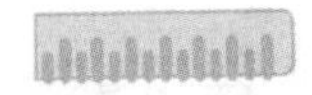
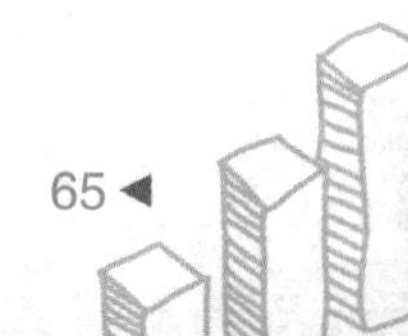

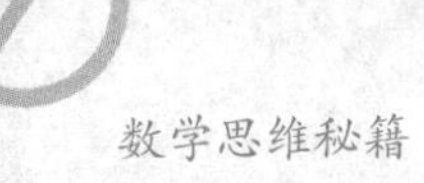

这很简单。如图3-6，先作OA表示每斤7元。再作OB表示每斤8元，B正在纵线3上。从B作BC，表示每斤6元。C正在纵线4上。这样一来，两种斤数的比便是3∶1，从C再作CD表示每斤5元。CD和OA交在纵线5上的D。

所以，三种的比就是：$OB_1 : B_1C_1 : C_1D_1 = 3 : 1 : 1$。

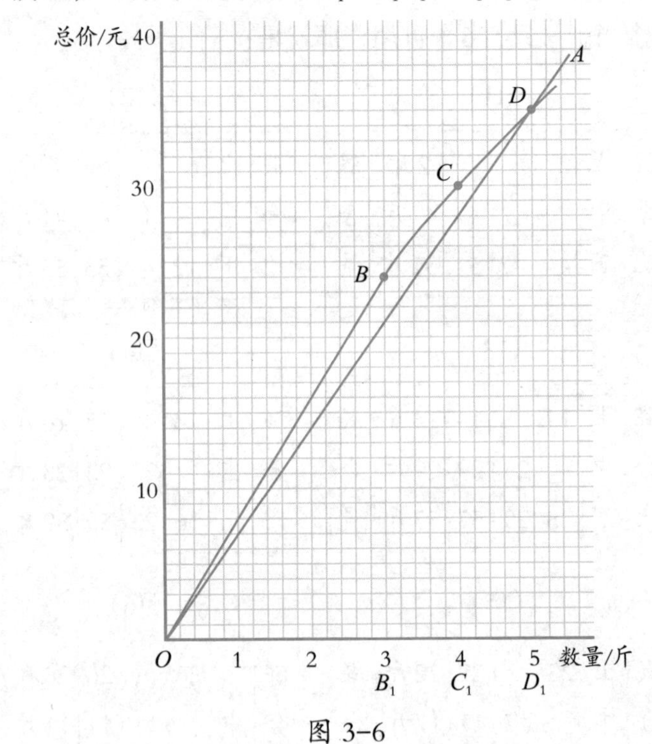

图 3-6

试把计算法和它对照：

	原　价	损　益	混合比	
平均价7元（OA）	8元（OB）	−1元	2　1	3（OB_1）
	6元（BC）	+1元	1	1（B_1C_1）
	5元（CD）	+2元	1	1（C_1D_1）

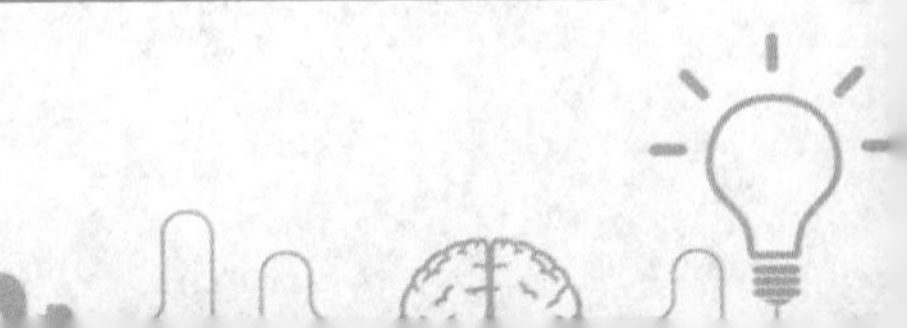

例7：每斤价格50元、40元、30元三个品种的白酒，如果要混合成每斤价格45元的酒，50元的酒用11斤，40元的酒用5斤，那么30元的酒要用多少斤呢？

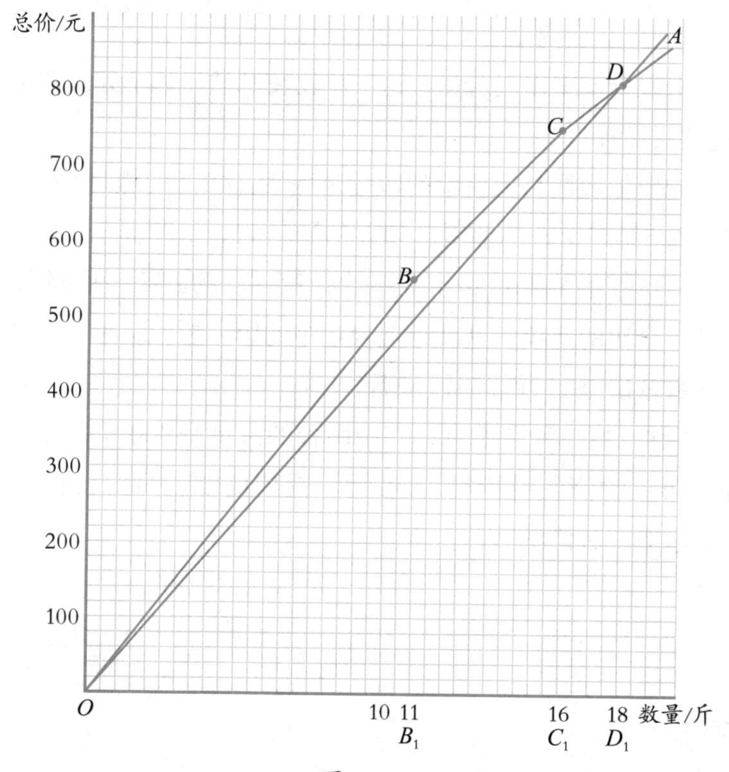

图 3–7

本题的作图法，和前一题的，除所表示的数目外，完全相同。由图3–7一看便知，OB_1是11斤、B_1C_1是5斤、C_1D_1是2斤。和计算法比较，算起来还是麻烦些。

	原　价	损　益	混合比				混合量	
平均价 45元（OA）	50元（OB）	−5元	15	5	3　1	3　5	6斤　5斤	11斤
	40元（BC）	+5元		5	1	5	5斤	5斤
	30元（CD）	+15元	5		1	1	2斤	2斤

由混合比得出混合量，这一步比较麻烦，远不如画图法来得直接、痛快。

先要依照题目上所给的数量来观察，40元的酒是5斤，就用5去乘第二个比的两项。50元的酒是11斤，但是有5斤已确定了，11减去5剩6，它是第一个比第一项的2倍，所以用2去乘第一个比的两项。这就得混合量中的第一栏。结果，三种酒的斤数依次是11斤、5斤、2斤。

例8：将三种酒混合，其中两种的总价是900元，合占15升。第三种酒每升价格为30元，混成的酒，每升价格为45元，求第三种酒的升数。

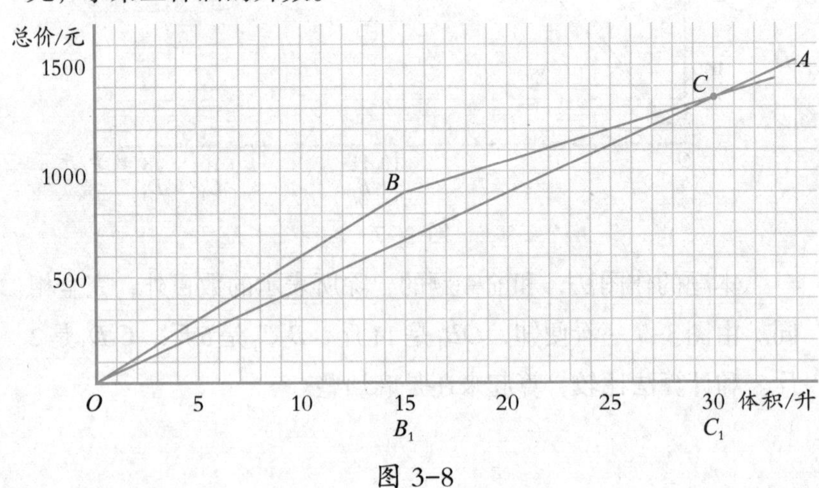

图 3-8

“两种酒既然有了总价900元和总量15升，这就等于一种了。”马先生说。

明白了这一点，还有什么难呢？

作OA表示每升价格45元。OB表示15升总价为900元。从B作BC，表示每升价格30元。它和OA交于C。图3–8中，OB_1指15升，OC_1指30升。OC_1减去OB_1剩B_1C_1，指15升，这就是所求的。

照这个做法来计算，便是：

	原　价	损　益	混合比
平均价45元（OA）	60元（OB） 30元（BC）	−15元 +15元	15（OB_1） 15（B_1C_1）

这个题目算完以后，马先生在讲台上，对着我们静静地站了两分钟：“李大成，你近来对算学的兴趣怎样？”

“觉得很浓厚。”我不由自主地、很恭敬地回答。

“这就好了，你可以相信，数学也是人人能领受的了。

“我希望大家不要偏爱数学，无论哪门功课，都不要怕它！你们不怕它，它就怕你们。求知识，要紧！精神的修养，更要紧！”

马先生的话停住了，静静地，大家都在用永不满足的眼神望着他。这是对知识和趣味无限渴望的眼神啊！

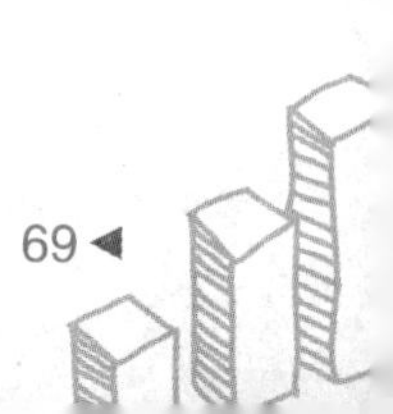

基本公式与例解

1. 基本概念与公式

（1）基本概念

混合比例的问题就是将两种或两种以上的物质混合在一起，从而去计算不同的方面。问题分为以下四类：

①求平均。

例1：把甲糖和乙糖混在一起，平均每千克卖27元，甲糖有4千克，平均每千克28元。已知乙糖有2千克，乙糖平均每千克多少元？

解：$4+2=6$（千克），

$(27\times6-28\times4)\div2$

$=(162-112)\div2$

$=50\div2$

$=25$（元）。

答：乙糖平均每千克25元。

②求混合比。

例2：要将浓度分别为20%和5%的A、B两种食盐水混合配成浓度为15%的食盐水900克。请问20%和5%两种食盐水需要的比例是多少？

解：设需要5%的食盐水x克，则20%的食盐水是（$900-x$）克。

$900\times15\%=x\times5\%+20\%\times(900-x)$，

$135=5\%x+180-20\%x$，

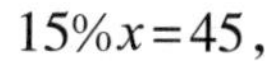

$15\%x=45$，

$x=300$。

900－300=600（克）。

所以600∶300=2∶1。

答：20%和5%两种食盐水需要的比例是2∶1。

③已知全量，求混合量。

例3：有一些鸡和兔，共有脚44只。若将鸡数与兔数互换，则共有脚52只。鸡、兔各有多少只？

解：（52+44）÷（4+2）=16（只）（合计）。

兔：（44－16×2）÷（4－2）=6（只）；

鸡：16－6=10（只）。

答：鸡有10只，兔有6只。

④已知一部分量，求混合量。

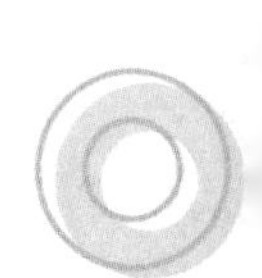

例4：某市场运来香蕉、苹果、橘子和梨四种水果，其中橘子、苹果共30吨，香蕉、橘子和梨共45吨。橘子正好占总数的$\frac{2}{13}$，一共运来水果多少吨？

解：橘子正好占总数的$\frac{2}{13}$。设橘子是2份，

则香蕉+苹果+橘子+梨=13（份），

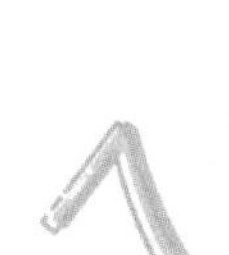

橘子+香蕉+苹果+橘子+梨=2+13=15（份）。

每份的吨数是（30+45）÷15=5（吨）。

所以一共运来水果：5×13=65（吨）。

答：一共运来水果65吨。

（2）基本公式

通过这几道例题，我们可以发现这是我们以前见过的问题

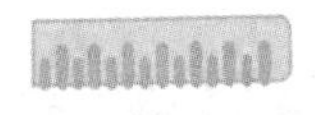

和解决方法。这里给大家介绍新的解题方法。

①十字交叉法：十字交叉法是进行两组混合物平均量与组分计算的一种简便方法。常用于求质量分数、混合物反应等的计算。

混合前　　混合后　　交叉相减

$$\begin{matrix} A & & & & C-B \\ & \searrow & C & \nearrow & \\ B & & & & A-C \end{matrix} \quad \frac{C-B}{A-C}=\frac{A\text{分母的概念}}{B\text{分母的概念}}$$

例1：某单位依据笔试成绩招录员工，应聘者中只有$\frac{1}{4}$被录取。被录取的应聘者平均分比录取分数线高6分，没有被录取的应聘者平均分比录取分数线低10分，所有应聘者的平均分是73分。录取分数线是多少分?

解：设录取分数线为x分，则被录取的应聘者平均分为（$x+6$）分，未被录取的应聘者平均分为（$x-10$）分。利用十字交叉法求解。

录取者　$x+6$

未录取者 $x-10$

$$73 \qquad \frac{73-(x-10)}{x+6-73}=\frac{1}{4-1}$$

$$\frac{73-(x-10)}{x+6-73}=\frac{1}{4-1},$$

$$\frac{83-x}{x-67}=\frac{1}{3},$$

$$3（83-x）=x-67,$$

$$x=79。$$

答：录取分数线是79分。

例2：某单位共有A、B、C三个部门，三部门人员的平均年龄分别为38岁、24岁、42岁。A和B两部门人员的平均年

龄为30岁，B和C两部门人员的平均年龄为34岁。该单位全体人员的平均年龄为多少岁？

解：运用“十字交叉法”可以计算出3个部门的人数比例。

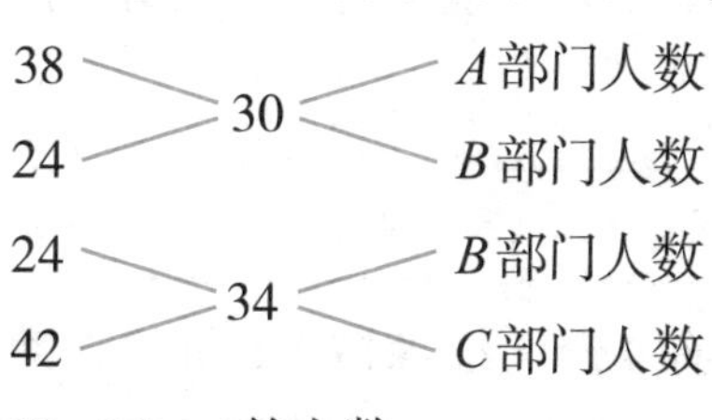

$\frac{30-24}{38-30}=\frac{A\text{的人数}}{B\text{的人数}}$，

即$\frac{3}{4}=\frac{A\text{的人数}}{B\text{的人数}}$；

$\frac{42-34}{34-24}=\frac{B\text{的人数}}{C\text{的人数}}$，

即$\frac{4}{5}=\frac{B\text{的人数}}{C\text{的人数}}$。

所以A、B、C三个部门的人数比为3∶4∶5。假设A、B、C三个部门的人数分别为3人、4人、5人，则总平均年龄=（$3\times38+4\times24+5\times42$）÷（$3+4+5$）=35（岁）。

答：该单位全体人员的平均年龄为35岁。

②损益表：这种方法解决已知平均数，求混合的比例问题。混合比正好是损益比例的反比。

例3：红辣椒每500克3元钱，青辣椒每500克2.1元钱。现将红辣椒与青辣椒混合，每500克2.5元钱。应按怎样的质量比混合，菜店和顾客才都不会吃亏？

解：混合后的辣椒中每有500克红辣椒，红辣椒就要少卖0.5元钱，所以应算是每500克红辣椒损失了0.5元钱；又因为

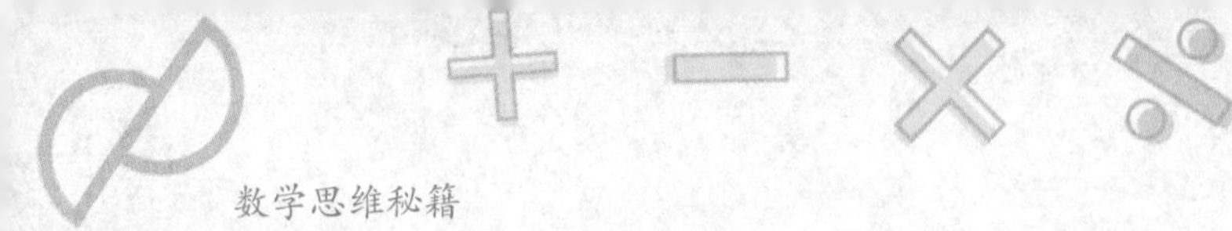

在混合后的辣椒中每有500克青辣椒，青辣椒就要多卖0.4元钱，所以应算是每500克青辣椒多卖了0.4元钱。

	原价	损益	混合比
平均 2.5元钱	红辣椒3元	（损）0.5元	4
	青辣椒2.1元	（益）0.4元	5

即在混合的辣椒中，有4份的红辣椒，5份的青辣椒，500克混合后的辣椒正好卖2.5元钱。下面进行验证：

4份的红辣椒的价钱是$3\times4=12$（元），

5份的青辣椒的价钱是$2.1\times5=10.5$（元）。

4份红辣椒与5份青辣椒的总价是$12+10.5=22.5$（元），

而9个500克的混合辣椒的总价是$2.5\times9=22.5$（元）。

所以红辣椒与青辣椒的质量比应是$4:5$。

答：红辣椒与青辣椒的质量比为$4:5$时，菜店和顾客才都不会吃亏。

2. **强化训练**

例1：甲、乙两瓶酒精溶液分别重300克和120克，甲中含酒精120克，乙中含酒精90克。从两瓶中应各取出多少克才能兑成质量分数为50%的酒精溶液140克？

解：甲瓶中酒精的质量分数为

$120\div300\times100\%=40\%$，

乙瓶中酒精的质量分数为

$90\div120\times100\%=75\%$。

设甲瓶中取x克，乙中取（$140-x$）克。

$$\begin{matrix} 40 & & & \\ & 50 & & \dfrac{x}{140-x}=\dfrac{5}{2} \\ 75 & & & \end{matrix}$$

$\dfrac{x}{140-x}=\dfrac{5}{2}$，

$2x=5(140-x)$，

$x=100$。

$140-100=40$（克）。

答：甲瓶里取出100克，乙瓶里取出40克才能兑成质量分数为50%的酒精溶液140克。

例2：商店花10 000元进了一批商品，按期望获得相当于进价25%的利润来定价。结果只销售了商品总量的30%。为尽快完成资金周转，商店决定打折销售，这样卖完全部商品后，亏本1000元。商店是按定价打几折销售的？

解：商品分为两部分，30%的商品的利润率为25%，总的利润率为−10%，设剩余70%的利润率为x%，十字交叉如下：

$$\begin{matrix} 25\% & & & \\ & -10\% & & \dfrac{-10\%-x\%}{35\%}=\dfrac{3}{7} \\ x\% & & & \end{matrix}$$

可得$\dfrac{-10\%-x\%}{35\%}=\dfrac{3}{7}$，

$7(-10\%-x\%)=3\times35\%$，

$x=-25$。

不妨设共购买100件商品，每件的进价为100元，则定价为125元。

$100\times(1-25\%)=75$（元），

$\frac{75}{125}=60\%$。

答：商店是按定价打6折销售的。

例3：王老师买甲、乙两种铅笔共20支，共用9元钱。甲种铅笔每支6角，乙种铅笔每支4角。两种铅笔各买多少支？

解：20支铅笔的平均价格是：

$9\div20=0.45$（元）$=4.5$（角）。

因为甲种铅笔每支6角，而平均价格是每支4.5角，所以每支甲种铅笔损失了1.5角钱。因为乙种铅笔每支4角，而平均价格是每支4.5角，所以每支乙种铅笔是增加了0.5角。

平均	原价	损益	混合比
4.5角	甲6角	（损）1.5角	1
	乙4角	（益）0.5角	3

两种铅笔的混合比，正好是损、益两数比的反比，所以

甲∶乙$=0.5:1.5=1:3$。

两种铅笔的总份数是$1+3=4$（份）。

甲种铅笔的支数是$20\times\frac{1}{4}=5$（支）；

乙种铅笔的支数是$20\times\frac{3}{4}=15$（支）。

答：甲种铅笔买了5支，乙种铅笔买了15支。

应用习题与解析

1. 基础练习题

（1）甲容器中有质量分数为4%的盐水150克，乙容器中有质量分数未知的盐水若干，从乙容器中取出450克盐水放入甲容器中混合成质量分数为8.2%的盐水。乙容器中盐水的质量分数是多少？

考点：十字交叉法求混合比例。

分析：设乙容器中盐水的质量分数为$x\%$，利用十字交叉法列方程即可。

$$\begin{array}{l}\text{甲}\ 4\% \\ \text{乙}\ x\%\end{array} > 8.2\% < \quad \frac{x\%-8.2\%}{8.2\%-4\%}=\frac{150}{450}$$

解：设乙中盐水的质量分数为$x\%$，则

$$\frac{x\%-8.2\%}{8.2\%-4\%}=\frac{150}{450},$$

$$450(x\%-8.2\%)=150\times4.2\%,$$

$$450\%x-36.9=6.3,$$

$$x=9.6。$$

答：乙容器中盐水的质量分数是9.6%。

（2）一个车间制造甲、乙两种零件共100个，重100千克。甲每个重0.5千克，乙每个重2.5千克。两种零件各有多少个？

考点：损益表求混合比。

分析：平均每个零件重$100\div100=1$（千克）。

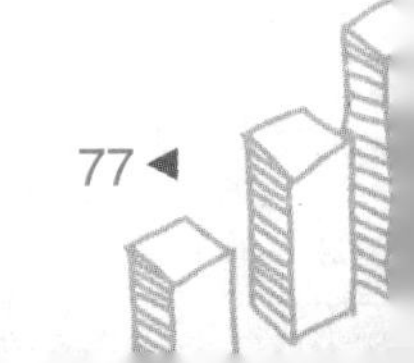

	原质量	损益	混合比
平均1千克	甲：0.5千克	（益）0.5千克	3
	乙：2.5千克	（损）1.5千克	1

解：甲：$100\times\frac{3}{3+1}=75$（个）；

乙：$100\times\frac{1}{3+1}=25$（个）。

答：车间制造的甲种零件75个，乙种零件25个。

（3）一种什锦糖是由水果糖、奶糖、软糖按5∶3∶2的比例混合而成的。如果先称20千克的水果糖，那么奶糖与软糖各需多少千克？

考点：已知一部分量求混合量。

分析：已知比例，设这三种糖分别占5份、3份和2份。先称20千克的水果糖，那么这三种糖的总质量就是40千克。再按照比例计算出各自的质量就可以了。

解：$5+3+2=10$，

$20\div\frac{5}{10}=40$（千克）；

$40\times\frac{3}{10}=12$（千克）；

$40\times\frac{2}{10}=8$（千克）。

答：奶糖需12千克，软糖需8千克。

2. 巩固提高题

（1）某单位共有职工72人，年底考核平均分数为85分，

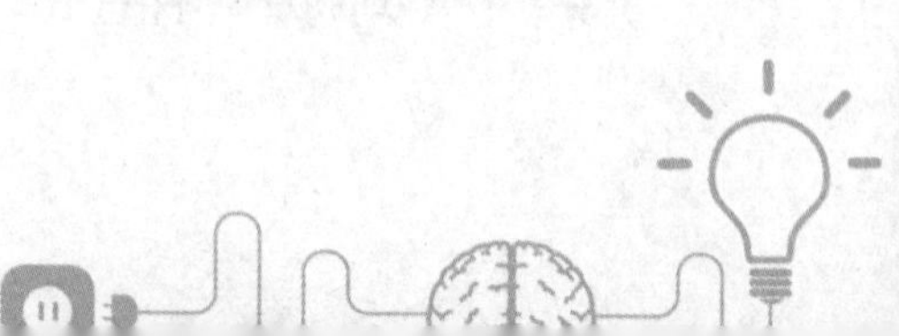

根据考核分数，90分以上的职工评为优秀职工。已知优秀职工的平均分数为92分，其他职工的平均分数是80分，优秀职工有多少人？

考点：求混合比例。

分析：相当于是优秀职工的平均分与其他职工的平均分混合，运用“十字交叉法”计算出优秀职工和其他职工的比例，从而算出结果。

92 ＼／ 优秀职工的人数
　　85
80 ／＼ 其他职工的人数

解：$\frac{85-80}{92-85}=\frac{5}{7}$

$\frac{\text{优秀职工的人数}}{\text{其他职工的人数}}=\frac{5}{7}$。

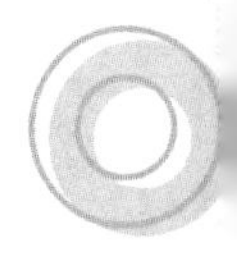

所以$72\div12\times5=30$（人）。

答：优秀职工有30人。

（2）甲、乙、丙三人各拿出相等的钱去买同样的图书。分配时，甲要22本，乙要23本，丙要30本。因此，丙还给甲13.5元，丙还要还给乙多少元？

考点：求混合比例。

分析：先求买来图书如果平均分，每人应得多少本，甲少得了多少本，从而求得每本图书多少元。平均分，每人应得（$22+23+30$）$\div3=25$（本），甲少得了$25-22=3$（本），乙少得了$25-23=2$（本）。每本图书$13.5\div3=4.5$（元），丙应还给乙$4.5\times2=9$（元）。

解：$13.5\div[(22+23+30)\div3-22]\times[(22+23+30)\div3-23]$

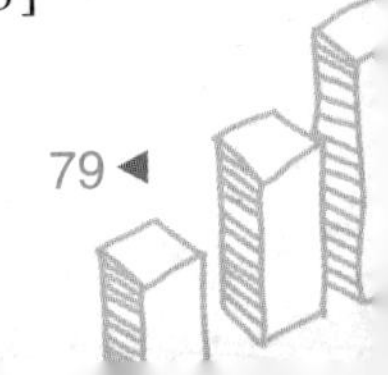

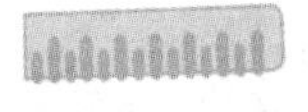

$=13.5\div3\times2$

=9（元）。

答：丙还要还给乙9元。

奥数习题与解析

1. 基础训练题

某商品100件，出售给48位顾客，每位顾客最多买3件，买1件按原价，买2件降价10%，买3件降价20%。最后结算，平均每件恰好按原价的85.2%出售，买3件的顾客有多少人?

分析：此题属于复杂的鸡兔同笼问题，难度较大，可以运用假设法，进行解答。由题意可知，买1件按原价，买2件降价10%，也就是原价的90%，那么就相当于1件是原价，另1件是80%；买3件降价20%，就相当于1件原价，1件80%，一件60%。

这样我们就得到48件原价的，那么还有 $100-48=52$（件），这52件就是按80%和60%卖的。这时设原价是1元，那么最后总价是 $100\times85.2\%=85.2$（元），现在48件原价的，就去掉了48元，还有 $85.2-48=37.2$（元），这37.2元就是52件卖的。

那么就转化成：有52件衣服，原价每件1元，现在有部分按原价的80%出售，还有部分按原价的60%出售，最后获得了37.2元，按原价的60%出售的共是几件？这时可以运用鸡兔同笼问题来解：假设都是按原价的80%出售的，根据一个数乘

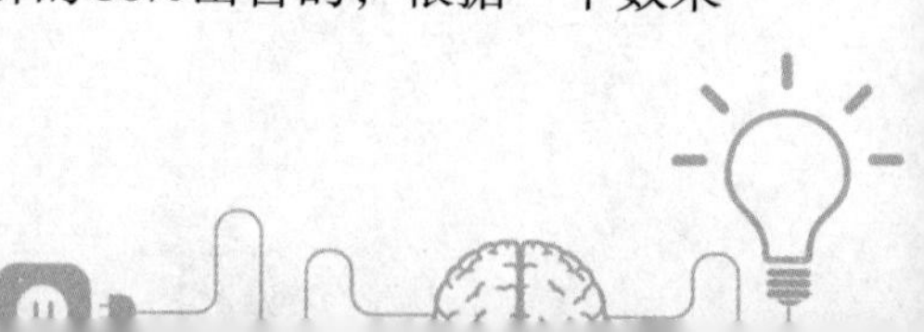

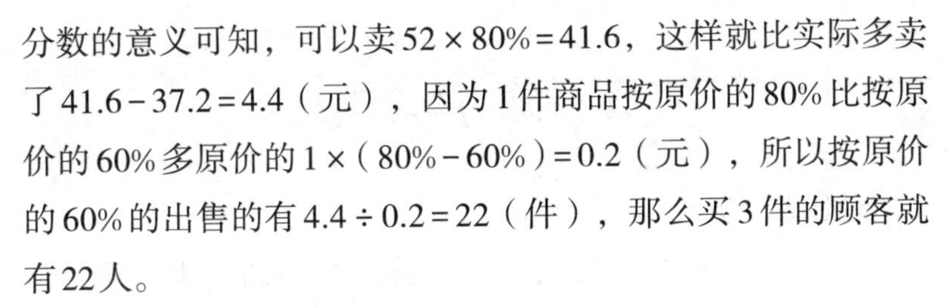
分数的意义可知，可以卖 $52\times80\%=41.6$，这样就比实际多卖了 $41.6-37.2=4.4$（元），因为1件商品按原价的80%比按原价的60%多原价的 $1\times(80\%-60\%)=0.2$（元），所以按原价的60%的出售的有 $4.4\div0.2=22$（件），那么买3件的顾客就有22人。

解：设原价为1元，则

$100\times85.2\%-48\times1=37.2$（元）。

$[(100-48)\times80\%-37.2]\div(80\%-60\%)=22$（人）。

答：买3件的顾客有22人。

2. 拓展训练题

甲、乙两人在河边钓鱼，甲钓了3条，乙钓了2条，正准备吃，有一个过路人请求跟他们一起吃，于是3人将5条鱼平分了。为了表示感谢，过路人留下10元，甲、乙应怎么分?

分析：根据题意可知，一共有5条鱼，三个人平分即每人分得：$5\div3=\frac{5}{3}$（条），过路人付10元买了$\frac{5}{3}$条鱼，所以可以求得每条鱼的价格为 $10\div\frac{5}{3}=6$（元）。甲的鱼分给过路人 $3-\frac{5}{3}=\frac{4}{3}$（条），乙分给过路人 $2-\frac{5}{3}=\frac{1}{3}$（条），根据鱼的单价即可求出甲、乙各得多少钱。

解：$10\div\frac{5}{3}=6$（元）。

所以甲应得 $6\times(3-\frac{5}{3})=6\times\frac{4}{3}=8$（元）；

乙应得 $10-8=2$（元）。

答：甲应分得8元，乙应分得2元。

课外练习与答案

1. 基础练习题

（1）某工厂共有160名员工，该厂在7月的平均出勤率是85%，其中女员工的出勤率为90%，男员工的出勤率为70%。该厂男员工有多少人？

（2）某班一次数学测试，全班平均91分，其中男生平均88分，女生平均93分。女生人数是男生人数的多少倍？

（3）某高校2020年度毕业学生7650名，比上年度增加2%，其中本科毕业生比上年度减少2%，而研究生毕业生比上年度增加10%。这所高校2020年度毕业的本科生有多少人？

（4）在环保知识竞赛中，男选手的平均得分为80分，女选手的平均得分为65分，全部选手的平均得分为72分。已知全部选手人数在35到50之间，则全部选手有多少人？

（5）甲、乙两个建筑队原有水泥质量的比是4∶3，当甲队给乙队54吨水泥后，甲、乙两队水泥的质量比变为3∶4。原来甲队有水泥多少吨？

2. 提高练习题

（1）烧杯中装了100克质量分数为10%的盐水。每次向该烧杯中加入不超过14克质量分数为50%的盐水。最少加多少次之后，烧杯中的盐水质量分数能达到25%？（假设烧杯中盐水不会溢出）

（2）一批手机，商店按期望获得100%的利润来定价，结果只销售掉70%。为了尽早销售掉剩下的手机，商店决定打折

出售，为了获得的全部利润是原来期望利润的91%，则商店应该打几折？

（3）糖果店配混合糖，用每千克24元的奶糖10千克，每千克18元的软糖20千克，每千克12元的硬糖20千克。这样配成的混合糖，每千克卖多少元？

（4）某人持有两只股票，某日收盘时A股损失2%，B股上涨10%，其两只股票总价值为22 950元，总体上涨2%，则收盘时A股价值为多少元呢？

3. 经典练习题

（1）甲、乙两种商品，其成本价共100元，如甲、乙商品分别按30%和20%的利润定价，并以定价的90%出售，全部售出后共获得利润14.3元，则甲商品的成本价是多少元？

（2）校长去机票代理处为单位团购机票10张，商务舱定价每张1200元，经济舱定价每张700元。由于买的数量较多，代理商就给予优惠，商务舱按定价的9折付款，经济舱按定价6折付款，如果他付的款比按定价少31%，那么校长一共买了几张经济舱的票？

（3）甲、乙、丙三人在银行存款，丙的存款是甲、乙两人存款的平均数的1.5倍，甲、乙两人存款的和是2400元。甲、乙、丙三人平均每人存款多少元？

（4）甲种酒每千克30元，乙种酒每千克24元。现在把甲种酒13千克与乙种酒8千克混合卖出，当剩余1千克时正好获得成本，每千克混合酒售价多少元？

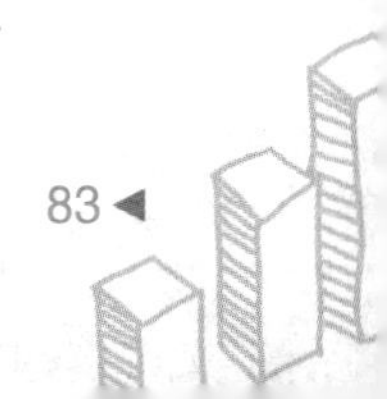

答 案

1. 基础练习题

（1）男员工有40人。

（2）女生人数是男生人数的1.5倍。

（3）这所高校2020年毕业的本科生有4900人。

（4）全部选手有45人。

（5）原来甲队有水泥216吨。

2. 提高练习题

（1）最少加5次之后，烧杯中的盐水浓度能达到25%。

（2）商店应该打八五折。

（3）每千克卖16.8元。

（4）收盘时A股价值为14700元。

3. 经典练习题

（1）甲商品的成本价是70元。

（2）校长一共买了8张经济舱的票。

（3）甲、乙、丙三人平均每人存款1400元。

（4）每千克混合酒售价29.1元。

◆ 十二根手指的大用途

一

记得早年，上海风行过一种画报，这种画报上每期刊载一页“马浪荡改行”。

马浪荡是一个自由浪荡之人，他在上海滩什么行业都做过，一种行业失败了，就换另一种行业来做。

有一次，他去做拍卖行的伙计。有一天来了一位买客，每只手有六根手指，伸着两手表示他出十块钱买某件东西。马浪荡见到十二根手指，便以为他出（表示）的是十二块钱，高高兴兴地卖了，记下账来。

到收钱的时候，那人只出十块钱，老板照账硬要十二块钱，争执得不可开交，最后便叫马浪荡赔两块钱算是了事。于是，马浪荡又一次失败了。

我常常会想起这个故事，因为我经常见到大家伸出手指表示他们所说的数，一根手指表示一，两根手指表示二，三根手指表示三……这非常自然。

两只手有十根手指，便用它们来表示十，我们都只知道“一而十、十而百、百而千、千而万……”满了十就进一位，

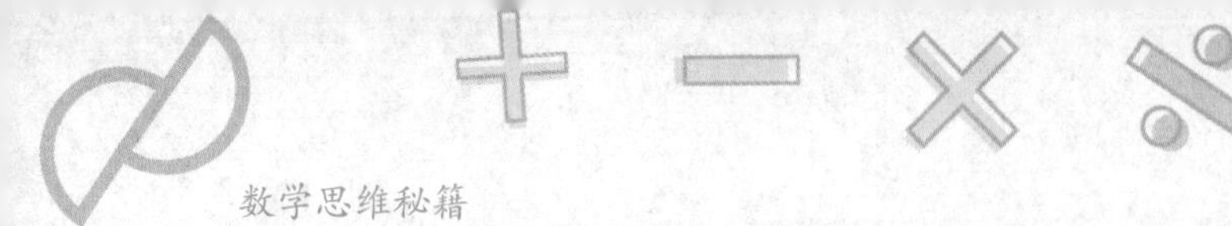

我们觉得只有这“十进制”计数最便利。其实这完全是喜欢利用十根手指反而受到它们束缚的缘故。

我们且先来探索一下计数法的情形，然后再看假如我们有十二根手指，用了十二进制，数的世界将有怎样的不同。

我一再说假如我们有十二根手指，用十二进制，所以要如此。因为没有十二根手指，就不会使用十二进制。人只是客观世界的反射镜。

远古混沌未开，黑漆一团的时代，无所谓数，因为“1”虽然是数的老祖宗，但是如果它无嗣而终，数的世界是无法成立的。数的世界的展开至少要有“2”。假如我们的手是和马蹄一样的，伸出来只能表示“2”，我们当然只能利用二进制计数。

但是二进制计数，实在有点儿滑稽。第一，我们既只能知道二，计起数来就不能有三位；第二，在个位满二就得计成上一位的一。这么一来，我们除了写一个“1”来计1，一个“1”后面跟上一个0来计“2”，并排写两个“1”来计“3”，再没有什么能力了，数的世界不是仍然很简单吗？

如果是我们还知道“三”，自然可以用三进制而且用三位计数，那我们可计的数便有二十六个：

1……一

2……二

10……三

11……四

12……五

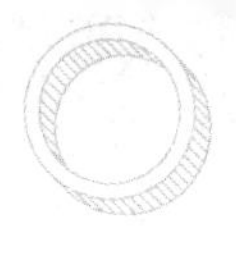

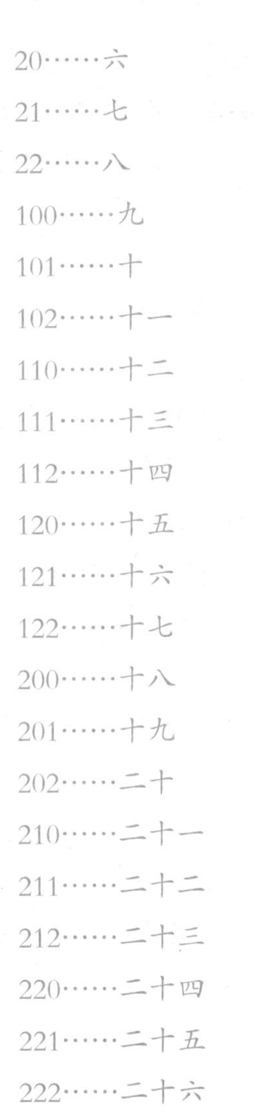

20……六

21……七

22……八

100……九

101……十

102……十一

110……十二

111……十三

112……十四

120……十五

121……十六

122……十七

200……十八

201……十九

202……二十

210……二十一

211……二十二

212……二十三

220……二十四

221……二十五

222……二十六

由三而四，用四进制，四位数，我们可计的数，便有二百五十五个，数的世界便比较繁荣了。但是事实上，我们并不曾找到过用二进制、三进制或四进制计数的事例。

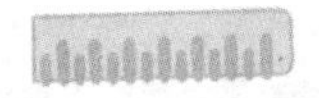

这个理由自然容易说明，数是抽象的，我们实际运用的时候，需要具体的东西来表达，然而无论“近取诸身，远取诸物”，不多不少恰好可以表示，而且易于取用的东西实在没有。

我们对于数的辨认从附属在自己身上的东西开始，当然更是轻而易举。于是，我们首先就会注意到手。一只手有五根手指，五进制便应运而生了。

既然知道用一只手的五根手指表示数，因而产生五进制计数法，进一步产生十进制计数法，大概不会碰到什么困难。

既然可以用十根手指表示数，因而产生十进制，两只脚有十根脚趾，为什么不会手脚并用而产生二十进制呢?

二十进制是有的，现在在热带生活的人们，就有这种进位制计数法，这种方法只存在于热带，很显然是因为那里的人赤着脚的缘故。像我们常穿着袜子的人，使用脚趾自然不方便了。这就是十进制计数法能够征服我们的缘故。

二十进制计数法，不但是在现在热带地区可以找到，从各国的数字中也可以得到很好的证明。如法国人，二十叫vingt；八十叫quatre-vingts，便是四个二十；而九十叫quatre-vingt-dix，便是四个二十加十，这都是现在通用的。

至于古代，还有six-vingts，六个二十叫一百二十；quinze-vingts，十五个二十叫三百。这些都是二十进制计数法的遗迹。

又如意大利的数，二十叫venti，这和三十trenta、四十quaranta、五十cinquanta也有着显然的区别：第一，三十、四十、五十等都是从三tre、四quatto、五cinque等来的，而

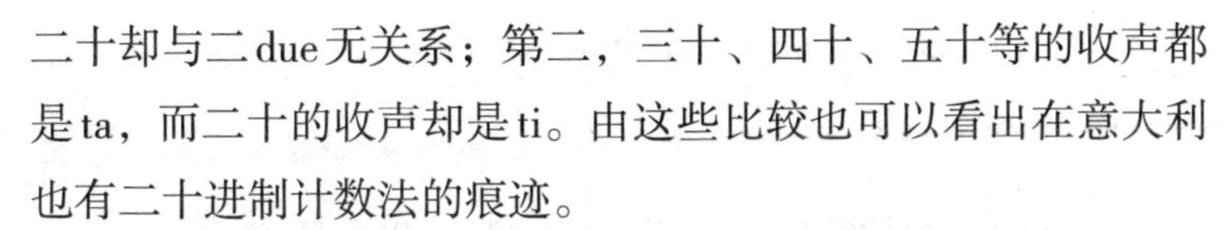

二十却与二due无关系；第二，三十、四十、五十等的收声都是ta，而二十的收声却是ti。由这些比较也可以看出在意大利也有二十进制计数法的痕迹。

五进制、十进制、二十进制计数法都可用手和脚来说明它们的起源，但是我们目前仍在使用的数中，却有一种十二进制，不能同等看待。

铅笔一打是十二支，肥皂一打是十二块，货币的一先令有十二便士，乃至于一年有十二个月。

再将各国的数字构造比较一下，更可以显然地看出有十二进制计数法的痕迹。且先将英、法、德、意四国从一到十九这十九个数抄在下面：

英：one，two，three，four，five，six，seven，eight，nine，ten，eleven，twelve，thirteen，fourteen，fifteen，sixteen，seventeen，eighteen，nineteen。

法：un，deux，trios，quatre，cinq，six，sept，huit，neuf，dix，onze，douze，treize，quatorze，quinze，seize，dix-sept，dix-huit，dix-neuf。

德：eins，zwei，drei，vier，fünf，sechs，sieben，acht，neun，zehn，elf，zwölf，dreizehn，vierzehn，fünfzehn，sechzehn，siebzehn，achtzehn，neunzehn。

意：uno，due，tre，quattro，cinque，sei，sette，otto，nove，dieci，undici，dodici，tredici，

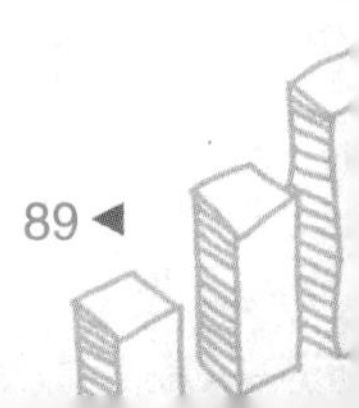

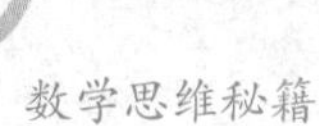

quattordici，quindici，sedici，diciassette，diciotto，diciannove。

将这四国的数字比较一下，可以看出几个事实：

第一，在英文中一到十二，这十二个数是独立的，十三以后才有一个划一的构成法，但是这构成法和二十以后的数不同。

第二，在法文中，从一到十，这十个数是独立的。十一到十六是一种构成法，十七以后又是一种构成法，这构成法却和二十以后的数相同。

第三，德文和英文的构成基本一样。

第四，意文和法文的构成基本一样。

就语言的系统来说，法、意原来同属于意大利系，英、德同属于日耳曼系，渊源本不相同。语言原可说是生活的产物，由此可以看出欧洲人古代所用的计数法有着很大的差别。如果再将其他国家的数拿来比较一下，我想一定还可以发现这几种进位法的痕迹。

所以，如果我们有十二根手指，采用十二进制计数法一定是必然的。就已成的习惯看来，十进制计数法已统一了“文明人”的世界，而十二进制计数法还可以立足，那么十二进制计数法一定有着它非存在不可的原因。这原因是什么呢？

我的设想是从天文上来的，且和圆周的分割有关系。法国大革命后改用米制①，所有度量衡，乃至于圆弧都改用十进

① 这种制度是十进位制，完全以“米”为基础，因此得名为“米制”。

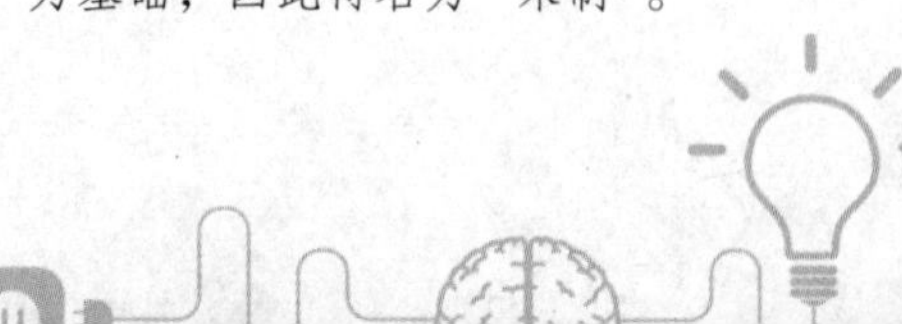

制。但是度量衡法，虽然经各国采用，认为极符合胃口，而圆弧法是敌不过含有十二进制的六十分法。这就可以看出十二进制计数法有存在的必要。

天文在人类文化中出现很早，这是因为在自然界中昼夜、寒暑的变化，最使人类惊异，且又和人类的生活紧密相关。所以假如我们有十二根手指，采用十二进制计数法计数，那一定没有十进制计数法立足的余地，我们对数的世界才能真正地有一个完整的认识。

二

如果我们采用了十二进制计数法计数，数的世界将变成一个怎样的局面呢？

先来考察一下我们已用惯了的十进制计数法是怎样一回事，为了方便，我们分成整数和小数两项来说。

例如，三千五百六十四，它的构成是这样的：

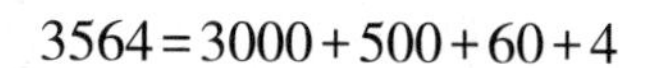

$$3564=3000+500+60+4$$
$$=3\times1000+5\times100+6\times10+4$$
$$=3\times10^3+5\times10^2+6\times10+4。$$

用 a_1、a_2、a_3、a_4、…来表示基本数字，进位的标准数（这里就是十），我们叫它是底数，用 r 表示。由这个例子看起来一般的数的计法便是：

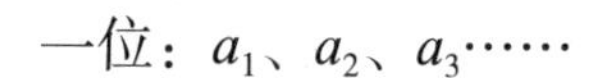

一位：a_1、a_2、a_3……

二位：a_1r+a_1、a_1r+a_2、…、a_2r+a_1、a_3r+a_2……

三位：$a_1r^2+a_1r+a_1$、$a_2r^2+a_2r+a_1$、$a_3r^2+a_2r+a_3$……

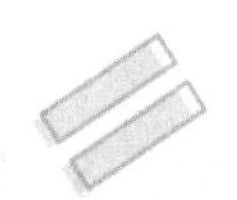

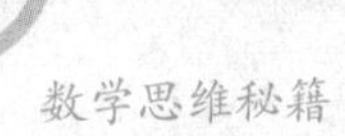

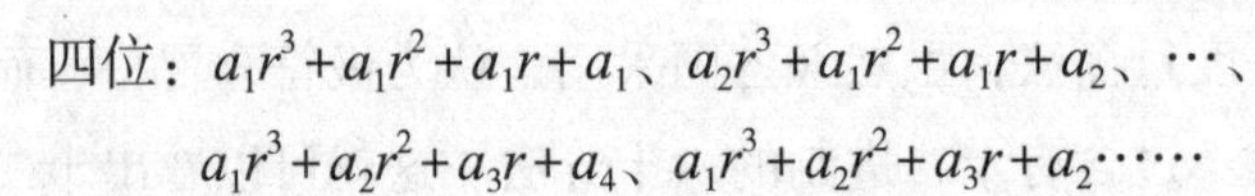

四位：$a_1r^3+a_1r^2+a_1r+a_1$、$a_2r^3+a_1r^2+a_1r+a_2$、…、

$a_1r^3+a_2r^2+a_3r+a_4$、$a_1r^3+a_2r^2+a_3r+a_2$……

在这里虽然容易明白，但是有一点却需注意，这就是数字a_1、a_2、a_3、…的个数，连0算进去应当和r相等，所以有效数字的个数比r少1。在十进制计数法中便只有1、2、3、4、5、6、7、8、9九个；在十二进制计数法中便有1、2、3、4、5、6、7、8、9、t（10）、e（11）十一个。

为了和十进制计数法的十、百、千易于区别，即用什、佰、仟来表示十二进制计数法的位次，那么，在十二进制计数法中有如下关系：

$$7e8t_{(12)}=7\times12^3+e\times12^2+8\times12+t$$

我们读起便是七仟“依”（e）佰八什“梯”（t）。

再来看小数，在十进制计数法中，如$\frac{254}{1000}$，便是：

$$0.254=0.2+0.05+0.004$$

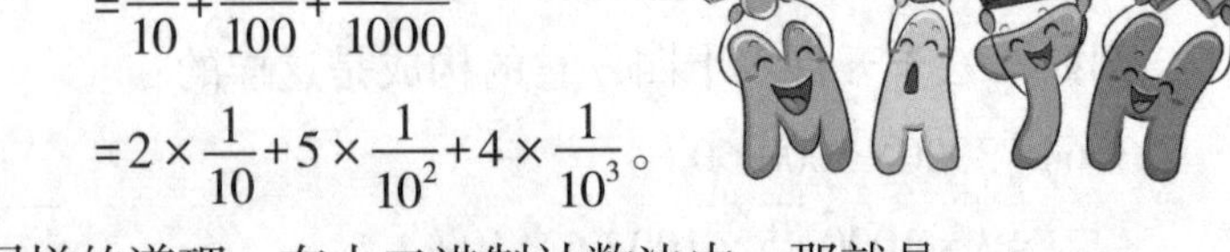

$$=\frac{2}{10}+\frac{5}{100}+\frac{4}{1000}$$

$$=2\times\frac{1}{10}+5\times\frac{1}{10^2}+4\times\frac{1}{10^3}。$$

同样的道理，在十二进制计数法中，那就是

$$0.5te_{(12)}=0.5\times0.0t+0.00e$$

$$=5\times\frac{1}{12}+t\times\frac{1}{12^2}+e\times\frac{1}{12^3}。$$

我们读起来便是仟分之五佰“梯”什“依”。

总而言之，在十进制中，上位是下位的10倍。在十二进制中，上位就是下位的12倍。推到一般去，在r进制中，上位便是下位的r倍。

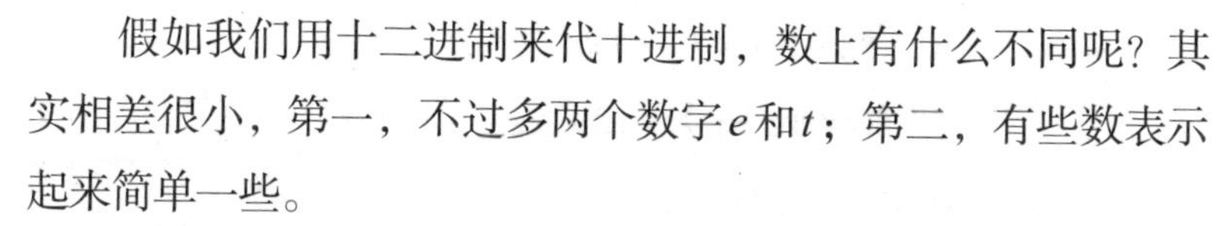

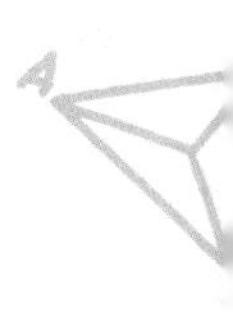

假如我们用十二进制来代十进制，数上有什么不同呢？其实相差很小，第一，不过多两个数字e和t；第二，有些数表示起来简单一些。

有没有什么方法将十进制的数改成十二进制呢？不用说，自然是有的。不但是有，而且很简便。

例如：十进制的14 529要改成十二进制，只需这样做就成了。

$$\begin{array}{r|l} 12 & 14529 \\ \hline 12 & 1210 \cdots\cdots 9 \\ \hline 12 & 100 \cdots\cdots 10 \\ \hline & 8 \cdots\cdots 4 \end{array}$$

所以 $14529=1210\times12+9$
$=(100\times12+10)\times12+9$
$=100\times12^2+10\times12+9$
$=(8\times12+4)\times12^2+10\times12+9$
$=8\times12^3+4\times12^2+10\times12+9$。

照前面说过的用t表示10，那么便得：

$14529=84t9_{(12)}$。

读起来是八仟四佰梯什九，原来是五位，这里却只有四位，所以说有些数用十二进制计数法比用十进制形式上更简单。

反过来，要将十二进制的数改成十进制的，应怎样做呢？有两种方法：一是照上面一样用t去连除；二是用十二去连乘。

不过对于那些用惯了十进制的人来说，第一种方法不太方便。例如要改十二进制数七仟二佰一什五成十进制，具体做法如下：

$7215_{(12)}=7\times12^3+2\times12^2+1\times12+5$
$=(7\times12^2+2\times12+1)\times12+5$
$=[(7\times12+2)\times12+1]\times12+5$

$=[(84+2)\times 12+1]\times 12+5$

$=(86\times 12+1)\times 12+5$

$=1033\times 12+5$

$=12041$。

$$
\begin{array}{r}
7215_{(12)} \\
\times\quad 12 \\
\hline
84 \\
+\quad 2 \\
\hline
86 \\
\times\quad 12 \\
\hline
1032 \\
+\quad 1 \\
\hline
1033 \\
\times\quad 12 \\
\hline
12396 \\
+\quad 5 \\
\hline
12401
\end{array}
$$

上面的方法，虽然只是一个例子，其实计算的原理已经很明白了，如果要给它一个一般的证明，这也很容易。

设在r_1进制计数法中有一个数是N，要将它改成r_2进制，又设用r_2进制计数表示出来，从低位到高位各位的数字是a_0、a_1、a_2、…、a_{n-1}、a_n，则

$$N=a_nr_2^n+a_{n-1}r_2^{n-1}+\cdots+a_2r_2^2+a_1r_2+a_0。$$

这个式子的两边都除以r_2，所得的数当然是相等的。但是在右边除了最后一项，各项都有r_2这个因数，所以用r_2去

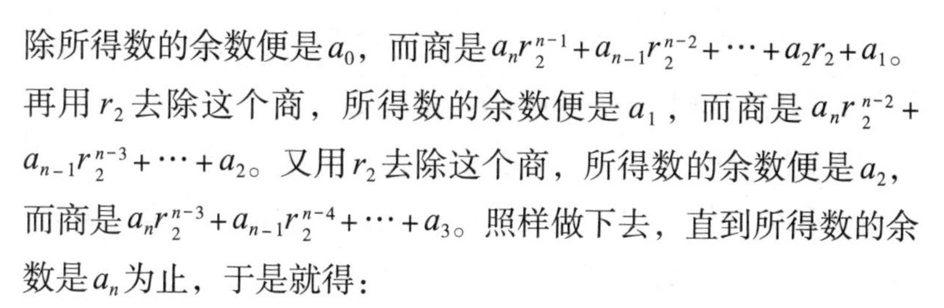

除所得数的余数便是a_0，而商是$a_nr_2^{n-1}+a_{n-1}r_2^{n-2}+\cdots+a_2r_2+a_1$。再用$r_2$去除这个商，所得数的余数便是$a_1$，而商是$a_nr_2^{n-2}+a_{n-1}r_2^{n-3}+\cdots+a_2$。又用$r_2$去除这个商，所得数的余数便是$a_2$，而商是$a_nr_2^{n-3}+a_{n-1}r_2^{n-4}+\cdots+a_3$。照样做下去，直到所得数的余数是$a_n$为止，于是就得：

r_1进制的$N=r_2$进制的$a_na_{n-1}\cdots a_3a_2a_1a_0$。

三

如果我们一直是用十二进制计数法计数的，在数学的世界里将有什么变化呢？不客气地说，完全一样，因为数学虽然是从数出发，但是和计数的方法却很少有关联。

算理是没有两样的，只是在数的实际计算上有点儿出入。最显而易见的就是加法和乘法的进位以及减法和除法的退位。自然像乘法的九九表便应当叫“依依”表，也就有点不同了。例如：$(24e2_{(12)}-t78_{(12)})\times 143_{(12)}$

$$
(1)\quad \begin{array}{r} 24e2 \\ -\ t78 \\ \hline 1636 \end{array}
\qquad\qquad
(2)\quad \begin{array}{r} 1636 \\ \times\ \ 143 \\ \hline 46t6 \\ 6120\ \ \\ +1636\ \ \ \ \\ \hline 2092t6 \end{array}
$$

上面的算法：

（1）是减法，个位2减8，不够，从什位退1下来，因为上位的1是等于下位的12，所以总共是14，减去8，就剩6。

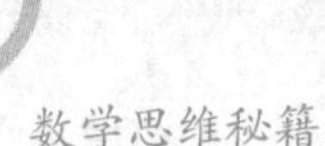

什位的e（11）退去1剩t（10），减去7剩3。佰位的4减去t，不够，从仟位退1成16，减去t（10）便剩6。

（2）是乘法，先是分位乘，3乘6得18，等于12加6，所以进1剩6。其次3乘3得9，加上进位的1得t……再用4乘6得24，恰是2个12，所以进2剩0，4乘3得12，恰好进1，而本位只剩下进上来的2……三位都乘了以后再来加。末两位和平常的加法完全一样，第三位6加2加6得14，等于12加2，所以进1剩2。

再来看除法，就用前面将十二进制改成十进制的例子。

$$\begin{array}{r} 874 \\ t\,\overline{)7215} \\ 68 \\ \hline 61 \\ 5t \\ \hline 35 \\ 34 \\ \hline 1 \end{array} \qquad \begin{array}{r} t4 \\ t\,\overline{)874} \\ 84 \\ \hline 34 \\ 34 \\ \hline 0 \end{array} \qquad \begin{array}{r} 10 \\ t\,\overline{)t4} \\ t \\ \hline 4 \end{array} \qquad \begin{array}{r} 1 \\ t\,\overline{)10} \\ t \\ \hline 2 \end{array}$$

这计算的结果和上面一样，也是12 401。至于计算的方法：在第一式t（10）除72商8，8乘t得80，等于6个12加8，所以从72中减去68而剩6。其次t除61商7，7乘t得70，等于5个12加10，所以从61减去$5t$剩3。再次t除35商4，4乘t得40，等于3个12加4，所以从35中减去34剩1。

应当注意一点：第二、第三、第四式和第一式的算法完全相同，不过第四式的被除数10是一什，在十进制中应当是12。

照这除法的例子看，十二进制好像比十进制麻烦得多。那

是因为你已经习惯了十进制，对于十二进制，还是初次遇到的缘故。

其实你如果从小就只懂得十二进制，你所记的自然是“依依”乘法表，而不是九九乘法表。你算起来“梯”除七什二，自然会商八，八乘“梯”自然只得六什八，你不相信吗？就请你看十二进法的“依依”乘法表。

	1	2	3	4	5	6	7	8	9	*t*	*e*
1	1	2	3	4	5	6	7	8	9	*t*	*e*
2	2	4	6	8	t	10	12	14	16	18	1*t*
3	3	6	9	10	13	16	19	20	23	26	29
4	4	8	10	14	18	20	24	28	30	34	38
5	5	*t*	13	18	21	26	2*e*	34	39	42	47
6	6	10	16	20	26	30	36	40	46	50	56
7	7	12	19	24	2*e*	36	41	48	53	5*t*	65
8	8	14	20	28	34	40	48	54	60	68	74
9	9	16	23	30	39	46	53	60	69	76	83
t	*t*	18	26	34	42	50	5*t*	68	76	84	92
e	*e*	1*t*	29	38	47	56	65	74	83	92	*t*1

看这个表的时候，应当注意1、2、3、…、9和九九乘法表是一样的，10、20、30却是一什（12）、二什（24）、三什（36）。

如果和九九乘法表对照着看，你可以发现表中的许多关系全是一样的。举两例说明如下：第一，从左上到右下这条对角线上的数是平方数；第二，最后一行每个数右起第一个数位上

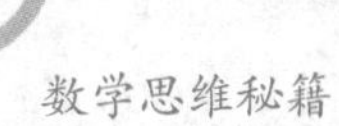

的数逐一少1，在九九乘法表中为第一位次逐一减少1，在九九乘法表中为9、8、7、6、5、4、3、2、1；第二个数位上的数逐一多1，在九九乘法表中为0、1、2、3、4、5、6、7、8；还有每个数两位的和全是比进位的底数少1，在“依依”乘法表中是“依”，在九九表中是“九”。

在数学的世界中除了这些不同，还有什么差异吗？要搜寻起来自然是有的。

第一，四则运算题中的数字计算问题。

第二，整数的性质中的倍数的性质。

这两种的基础原是建立在计数的进位方法上面，当然有些面目不同，但是也不过是表象不同而已。下面我们通过几个例子，来结束这一篇。

（1）四则运算中的数的计算问题：例如“有一个两位数，个位数字同十位数字的和是6，如果从这数中减18，所得的数恰是把原数的个位数字同十位数字对调所成的数，求原数”。

解答这种题目的基本原理有两个：

① 两位数和它的两个数位上的数字对调后所成的数的和，等于它的两个数字和的11倍。如83加38得121，便是它的两个数字8、3的和11的11倍。

② 两位数和它的两个数位上的数字对调后所成的数的差，等于它的两个数字差的9倍。如83减去38得45，便是它的两个数字8、3的差5的9倍。

运用第二个原理到上面所举的例题中，因为从原数中减18所得的数恰是把原数的个位数字同十位数字对调所成的数，所以原数和两数字对调后所成的数的差为18，而原数的

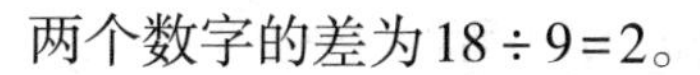

两个数字的差为18÷9=2。

题上又说原数的两个数字的和为6，应用和差算的法则便得：（6+2）÷2=4是十位数字，（6−2）÷2=2是个位数字，而原数为42。

解答这类题目的两个基本原理，是怎样得来的呢？现在我们来考察一下。

① 83=8×10+3，38=3×10+8，

所以83+38=（8×10+3）+（3×10+8）

=8×10+8+3×10+3

=8×（10+1）+3×（10+1）

=8×11+3×11

=（8+3）×11。

这个式子最后的一段中，（8+3）正是83的两个数位上的数字的和，用11去乘它，便得出11倍来，但是这11是从10加1得来的，10是十进制计数法的底数。

② 83−38=（8×10+3）−（3×10+8）

=8×10−8−3×10+3

=8×（10−1）−3×（10−1）

=8×9−3×9

=（8−3）×9。

这个式子最后的一段中，（8−3）正是83的两个数位上的数字的差，用9去乘它，便得出9倍来。但是这9是从10减去1得来的，10是十进制计数法的底数。

将上面的证明法，推广到一般情形中去，设计数法的底数为r，十位数字为a_1，个位数字为a_2，则这个两位数为a_1r+a_2，

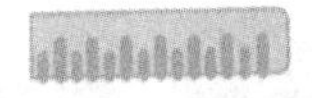

而它的两位数字对调后所成的数为a_2r+a_1。所以

$$①\ (a_1r+a_2)+(a_2r+a_1)=a_1r+a_1+a_2r+a_2$$
$$=a_1(r+1)+a_2(r+1)$$
$$=(a_1+a_2)(r+1)。$$

$$②\ (a_1r+a_2)-(a_2r+a_1)=a_1r+a_2-a_2r-a_1$$
$$=a_1r-a_1-a_2r+a_2$$
$$=a_1(r-1)-a_2(r-1)$$
$$=(a_1-a_2)(r-1)。$$

第一原理的①应当这样说：两位数和它的两个数位上的数字对调后所成的数的和，等于它的两个数字和的（r+1）倍。r是计数法的底数，在十进制中为10，故（r+1）为11；在十二进制中为12，故（r+1）为13（照十进制说的），在十二进制中便也是11（一什一）。

第二原理②应当这样说：两位数和它的两个数位上的数字对调后所成数的差，等于它的两个数字差的（r-1）倍，在十进制中为9，在十二进制中为e。

前面所列举的例题，在十二进制中是不能成立，因为在十二进制中，42减去24所剩的是1t，而不是18，如果照原题形式改成十二进制，应当是“有一个两位数……如果从这数中减什梯（1t）……”，它的计算法就完全一样，不过得出来的42是十二进制的四什二，而不是十进制的四十二。

（2）关于整数的倍数的性质，且就十进制和十二进制两种对照着举几条如下：

①十进制：5的倍数末位是5或0。

十二进制：6的倍数末位是6或0。

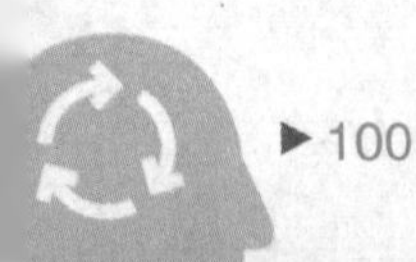

②十进制：9的倍数各数字的和是9的倍数。

十二进制：e的倍数各数字的和是e的倍数。

③十进制：11的倍数，各奇数位数字的和，与各偶数位数字的和，这两者的差为11的倍数或零。

十二进制：形式和十进制的相同，只是就十二进制说的一什一，在十进制中是一十三。

上面所举的三项中，①是看了九九表和“依依”表就可明白的。②③的证法在十进制和十二进制一样，我们还可以给它们一个一般的证法，试以②为例，③就可依样画葫芦了。设计数法的底数为r，各位数字为a_0、a_1、a_2、…、a_{n-1}、a_n。各数字的和为S，则

$N=a_0+a_1r+a_2r^2+\cdots+a_{n-1}r^{n-1}+a_nr^n$，

$S=a_0+a_1+a_2+\cdots+a_{n-1}+a_n$，

$N-S=a_1(r-1)+a_2(r^2-1)+\cdots+a_{n-1}(r^{n-1}-1)+a_n(r^n-1)$。

因为(r^n-1)无论n是什么正整数都可以用$(r-1)$除尽，所以如果用$(r-1)$除上式两边，右边便是整数，设它是I，得出：

$$\frac{N-S}{r-1}=I，\frac{N}{r-1}-\frac{S}{r-1}=I，$$

所以$\frac{N}{r-1}=I+\frac{S}{r-1}$。

所以如果N是$(r-1)$的倍数，S也应当是$(r-1)$的倍数，不然这个式子所表示的便不是一个整数，等于一个整数和一个分数的和了，这是不合理的。这是一般的证明，如果把它

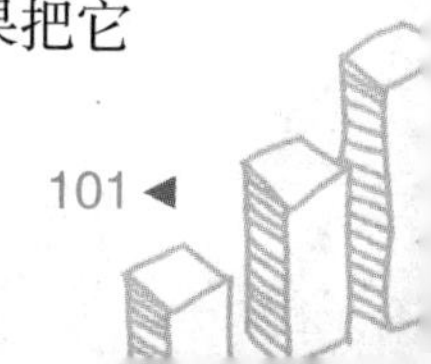

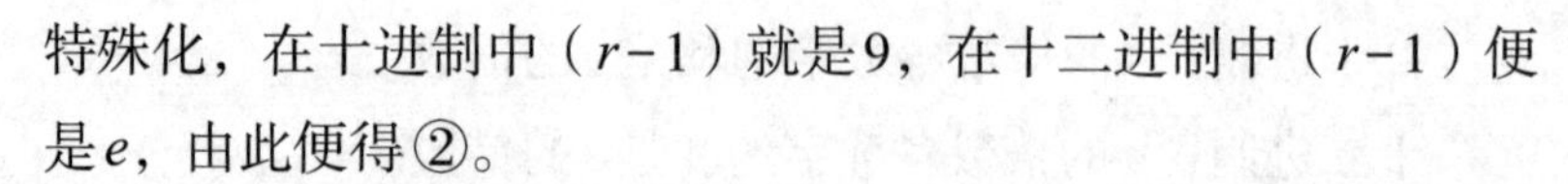

特殊化，在十进制中（$r-1$）就是9，在十二进制中（$r-1$）便是e，由此便得②。

由这个证明我们可以知道，在十进制中，3的倍数各数字的和是3的倍数。而在十二进制中却不一定，因为在十进制中9是3的倍数，而在十二进制中e却不是3的倍数。

从这些例子中可以看出，假如我们有十二根手指，我们的计数法采用十二进制，与用十进制计数比较起来，无论在数的世界，或者在数学的世界所起的变化都是非常有限的，而且假如我们能不依赖手指表示数的话，用十二进制计数还更加方便。但是我们的文明，本是双手创造的文明，又怎么能跳出这十根手指的支配呢？

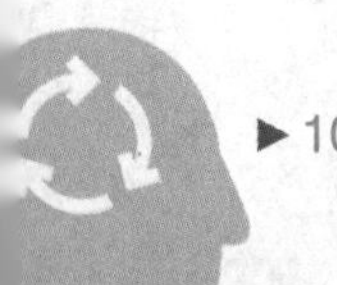

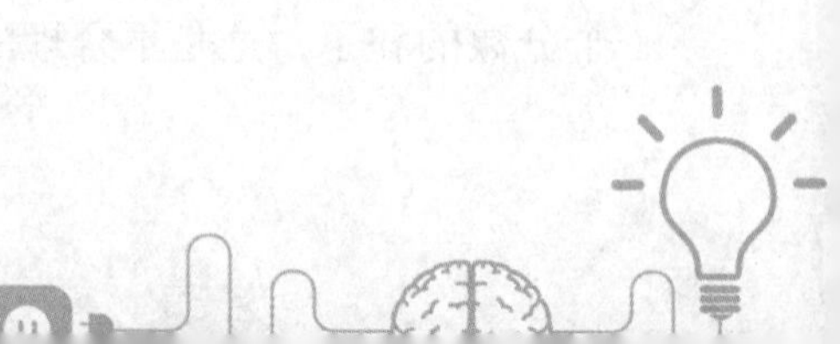

基本公式与例解

1. 基本概念与公式

（1）基本概念

十二进制是数学中一种以“12”为底数的计数系统，十二进制中的10代表十进制的“12”，称为“一打”。同样地，十二进制的100代表十进制的144（12^2），称为“一罗”；十二进制的1000代表十进制的1728（12^3），称为“一大罗”；十二进制的0.1代表十进制的$\frac{1}{12}$。

12作为一个高合成数，2、3、4、6都是它的因数，十二进制比十进制在有些情况下更易于使用，因为10除了1和10本身，只有2和5是它的因数。而5个最常用的分数$\left(\frac{1}{2}、\frac{1}{3}、\frac{2}{3}、\frac{1}{4}和\frac{3}{4}\right)$在十二进制中也都有非常简单的表示形式（分别为0.6、0.4、0.8、0.3和0.9）。12是拥有这一性质的最小的底数，在表示分数方面，十二进制也要比十进制更为方便。

（2）基本公式

十二进制通常使用数字0 ~ 9以及字母A、B来表示。其中，A代表数字10，B代表数字11。

①十进制数化为十二进制数。

十进制，顾名思义就是“逢10进1”，那么十二进制就是“逢12进1”。我们类比十进制来理解十二进制。

例如：267在十进制计数法中，它的构成是

$267=2\times10^3+6\times10^2+7$。

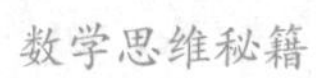

如果267为十二进制计数法表示的数，它的构成便是

$267=2\times12^2+6\times12+7$。

我们现在都是用十进制计数法，如果我们将它转化成十二进制计数法应该如何表示呢？

如果将十进制计数转化成十二进制计数，就是用它除以12，取余；剩下的数再除以12，取余；一直除到除不尽为止。得到的余数和最后的商，逆序排列，就是十二进制计数。

例1：将十进制数358化为十二进制数。

解：$358\div12=29\cdots\cdots10$，

$29\div12=2\cdots\cdots5$。

将余数10、5和2逆序排列，我们用A表示10，所以十二进制计数是$25A$。

所以$358=29\times12+10$

$=(2\times12+5)\times12+10$

$=2\times12^2+5\times12+10$。

所以十进制数358化为十二进制数是$25A_{(12)}$。

②十二进制数化为十进制数。

如果将十二进制计数转化成十进制计数，可以用12去连乘。

例2：将十二进制数$143_{(12)}$化为十进制数。

解：$143_{(12)}=1\times12^2+4\times12+3$

$=(1\times12+4)\times12+3$

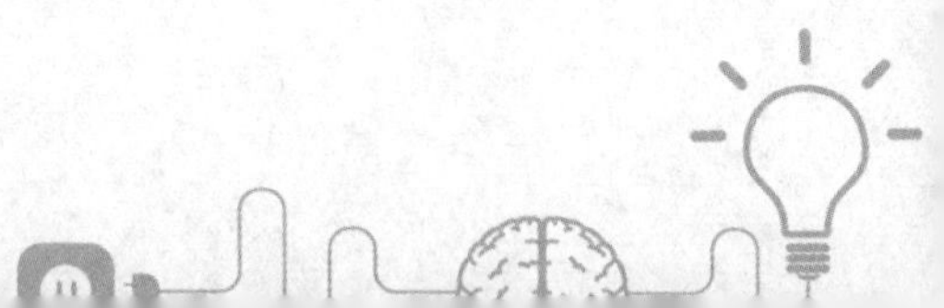

$=16\times12+3$

$=195$。

所以十二进制数$143_{(12)}$化为十进制数是195。

③十二进制加法和乘法计算。

算法上与十进制没有区别，只是在实际计算中要注意进位的方法，十二进制是“逢12进1”。

例3：用十二进制法计算$19_{(12)}+34_{(12)}$。

解：$9+4=13=12+1$，所以进1剩1；第二位$1+3+1=5$。

$$\begin{array}{r} 19_{(12)} \\ +34_{(12)} \\ \hline 51_{(12)} \end{array}$$

所以$19_{(12)}+34_{(12)}=51_{(12)}$。

例4：用十二进制法计算$17B\times A3$。

解：十二进制中A表示10，B表示11。$11\times3=33=2\times12+9$，所以进2剩9；$3\times7+2=23=12+11$，所以进1剩11，11用B表示；第三位$3\times1+1=4$。接着计算$A\times17B$，$10\times11=110=12\times9+2$，所以进9剩2；$10\times7+9=79=12\times6+7$，所以进6剩7；$10\times1+6=16=12+4$，所以进1剩4。最后两个数再相加，$4B9+1472=15019$。

$$\begin{array}{r} 17B_{(12)} \\ \times\quad A3_{(12)} \\ \hline 4B9 \\ 1472 \\ \hline 15019_{(12)} \end{array}$$

④十二进制减法和除法计算。

与加法和乘法一样，减法和除法要注意退位的计算。

例5：用十二进制法计算$263_{(12)}-68_{(12)}$。

解：3－8不够，所以从第二位退1，因为上位的1是等于下位的12，所以是12+3－8=7；上一位6－1=5，5－6不够，再从第三位退1，所以12+5－6=11，11用B表示；2－1=1；最后结果就是$1B7_{(12)}$。

$$\begin{array}{r} 263_{(12)} \\ -\ \ 68_{(12)} \\ \hline 1B7_{(12)} \end{array}$$

例6：用十二进制法计算$22B_{(12)}\div15_{(12)}$。

解：从第二位上开始运算，22÷15商1；注意余数的计算：22－15时，2－5不够，从上一位退1，因为上位的1是等于下位的12，所以是12+2－5=9，即余数是9；$9B\div15$，其中B表示11，那么结果就是商7。

$22B_{(12)}\div15_{(12)}=17_{(12)}$。

$$\begin{array}{r} 17 \\ 15\overline{)22B} \\ 15 \\ \hline 9B \\ 9B \\ \hline 0 \end{array}$$

（3）整数倍数的性质

关于整数倍数的性质，十进制与十二进制对比：

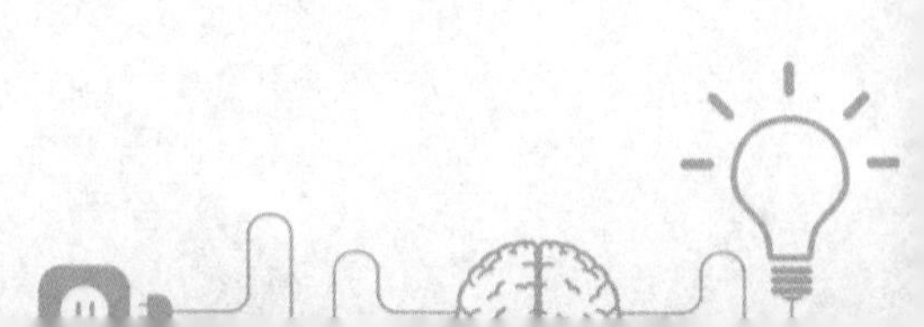

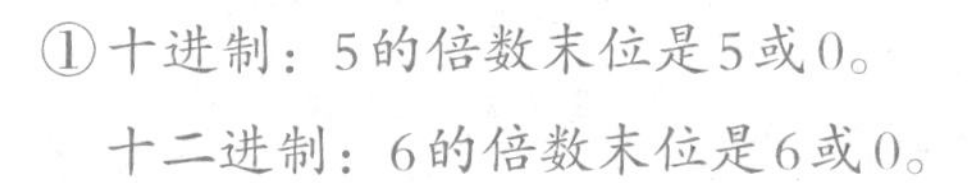

①十进制：5的倍数末位是5或0。

十二进制：6的倍数末位是6或0。

例1：十二进制中6的1倍、2倍、3倍、4倍、5倍、6倍分别是多少呢？

解：$6\times1=6$；

$6\times2=10$；

$6\times3=16$；

$6\times4=20$；

$6\times5=26$；

$6\times6=30$。

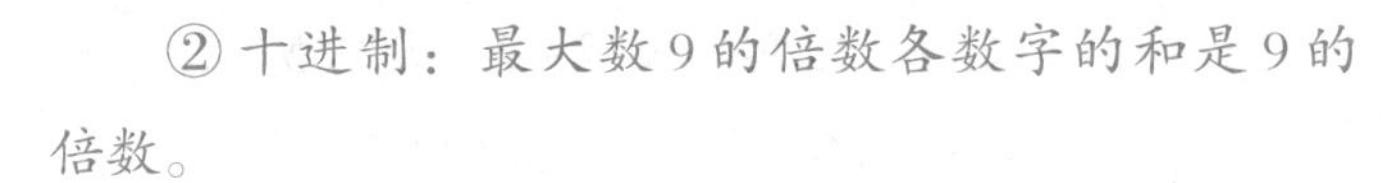

②十进制：最大数9的倍数各数字的和是9的倍数。

十二进制：最大数B的倍数各数字的和是B的倍数。

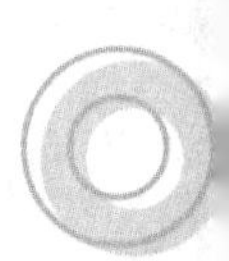

例2：十二进制B的27倍、B的637倍所得结果各数位上的数字的和分别是多少？

解：①$B\times27=245$；

$2+4+5=B$。

②$B\times637=5935$；

$5+9+3+5=1A$。

2. 强化训练

例1：将十进制数5492化为十二进制数。

解：（方法一）$5492\div12=457\cdots\cdots8$，

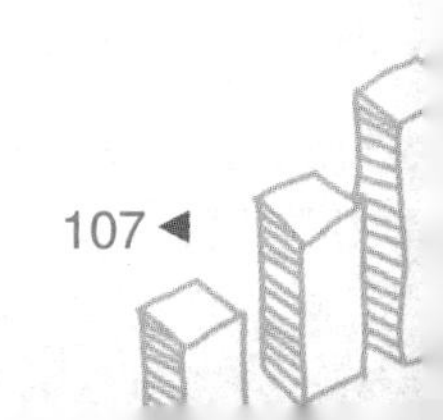

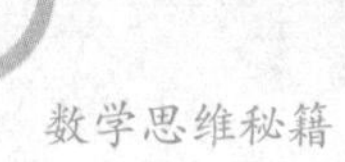

$457\div 12=38\cdots\cdots1$，

$38\div 12=3\cdots\cdots2$。

将余数8、1、2和3逆序排列，所以十二进制数是3218。

（方法二）$5492=457\times 12+8$

$=(38\times 12+1)\times 12+8$

$=[(3\times 12+2)\times 12+1]\times 12+8$

$=3\times 12^3+2\times 12^2+1\times 12+8$。

所以十进制数5492化为十二进制数是$3218_{(12)}$。

例2：将十二进制数$4895_{(12)}$化为十进制数。

解：$4895_{(12)}=4\times 12^3+8\times 12^2+9\times 12+5$

$=(4\times 12^2+8\times 12+9)\times 12+5$

$=[(4\times 12+8)\times 12+9]\times 12+5$

$=[(48+8)\times 12+9]\times 12+5$

$=(56\times 12+9)\times 12+5$

$=681\times 12+5$

$=8177$。

所以十二进制数$4895_{(12)}$化为十进制数是8177。

例3：用十二进制法计算$73A9_{(12)}+324B_{(12)}$。

解：十二进制中A表示10，B表示11。$9+11=20=12+8$，所以进1剩8；$10+4+1=15=12+3$，所以进1剩3；$3+2+1=6$，$7+3=10=A$。

$$\begin{array}{r} 73A9_{(12)} \\ +\ 324B_{(12)} \\ \hline A638_{(12)} \end{array}$$

所以最后结果是$A638_{(12)}$。

例4：用十二进制法计算$1636_{(12)} \times 143_{(12)}$。

解：$3 \times 6 = 18 = 12 + 6$，所以进1剩6；$3 \times 3 = 9$，加上进位的“1”$= A$（10）；$3 \times 6 = 18 = 12 + 6$，所以进1剩6，$1 \times 3 + 1 = 4$。$4 \times 6 = 24 = 2 \times 12$，所以进2剩0；$4 \times 3 = 12$，进1，本位剩下进的“2”；$4 \times 6 = 24 = 2 \times 12$，所以进2剩0，$0+1=1$；$4 \times 1+2=6$。

依次类推计算即可。

$$
\begin{array}{r}
1636_{(12)} \\
\times \quad 143_{(12)} \\
\hline
46A6 \\
6120 \\
1636 \\
\hline
2092A6_{(12)}
\end{array}
$$

所以$1636_{(12)} \times 143_{(12)} = 2092A6_{(12)}$

例5：用十二进制法计算$21B3_{(12)} - A78_{(12)}$。

解：其中A表示10，B表示11。个位$3-8$不够，所以从第二位退1，因为上位的1是等于下位的12，所以是$12+3-8=7$；第二位的B（11）退1剩10，$10-7=3$。

同理，第三位$1-A$（10）不够，所以从第四位退1，所以是$12+1-A=3$。

$$
\begin{array}{r}
21B3_{(12)} \\
- \quad A78_{(12)} \\
\hline
1337_{(12)}
\end{array}
$$

所以$21B3_{(12)} - A78_{(12)} = 1337_{(12)}$。

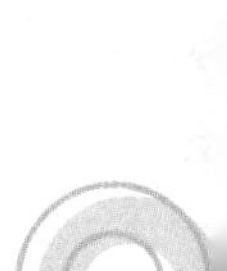

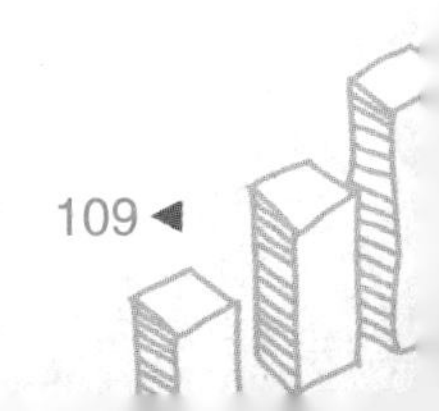

例6：用十二进制法计算$95B5_{(12)} \div 1A5_{(12)}$。

解：首先计算$95B \div 1A5$，商5余$1A$；再计算$1A5 \div 1A5$，商1。所以最够结果就是$51_{(12)}$。

$$
\begin{array}{r}
51 \\
1A5\overline{)95B5} \\
\underline{941} \\
1A5 \\
\underline{1A5} \\
0
\end{array}
$$

应用习题与解析

1. 基础练习题

（1）将十进制数3148化为十二进制数。

考点：十进制与十二进制换算。

分析：除以12，取余；剩下的数再除以12，取余；一直除到除不尽为止。

得到的余数与最后的商，逆序排列，就是十二进制数。

解：$3148 \div 12 = 262 \cdots\cdots 4$，

$262 \div 12 = 21 \cdots\cdots 10$，

$21 \div 12 = 1 \cdots\cdots 9$。

将4、10、9、1逆序排列，10记作A。所以是$19A4_{(12)}$。

所以十进制数3148化为十二进制数是$19A4_{(12)}$。

（2）将十二进制数$1835_{(12)}$化为十进制数。

考点：十二进制与十进制换算。

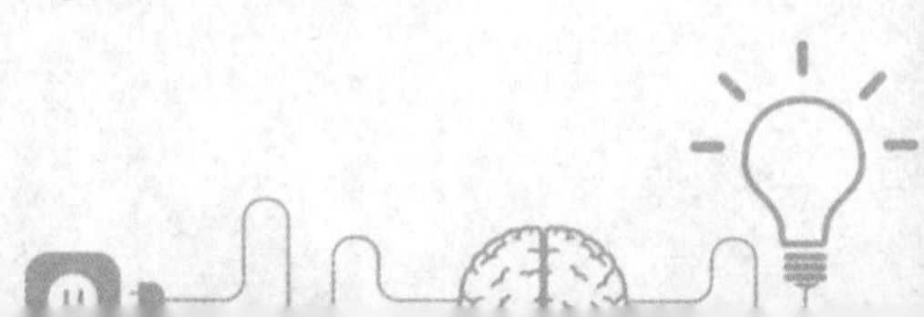

分析：用12去连乘，结果就是这个数的十进制数。

解：$1835_{(12)}=1\times12^3+8\times12^2+3\times12+5$

$=(1\times12^2+8\times12+3)\times12+5$

$=[(1\times12+8)\times12+3]\times12+5$

$=(20\times12+3)\times12+5$

$=2921$。

所以十二进制数的$1835_{(12)}$化为十进制数是2921。

（3）用十二进制法计算$165_{(12)}+458_{(12)}$。

考点：十二进制加法运算。

分析：算理与十进制相同，进位是“12进1”。$5+8=13=12+1$，进1剩1；$6+5+1=12$，进1剩0；$1+4+1=6$。

解：

$$\begin{array}{r} 165_{(12)} \\ +\ 458_{(12)} \\ \hline 601_{(12)} \end{array}$$

所以$165_{(12)}+458_{(12)}=601_{(12)}$。

（4）用十二进制法计算$57A8_{(12)}-2659_{(12)}$。

考点：十二进制减法运算。

分析：算理与十进制相同，注意退位的计算也是用12减。个位$8-9$不够，所以从第二位退1，因为上位的1是等于下位的12，所以是$12+8-9=11$（B）；第二位的A（10）退1剩9，$9-5=4$。最后两位相减即可。

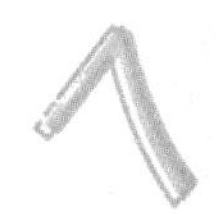

解：

$$\begin{array}{r} 57A8_{(12)} \\ -\ 2659_{(12)} \\ \hline 314B_{(12)} \end{array}$$

所以$57A8_{(12)}-2659_{(12)}=314B_{(12)}$。

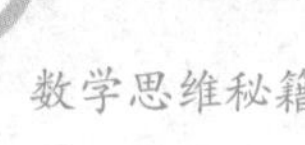

（5）用十二进制法计算$352_{(12)}\times 47_{(12)}$。

考点：十二进制乘法运算。

分析：$7\times 2=14=12+2$，所以进1剩2；$7\times 5=35$，加上进位的1，$35+1=36=12\times 3$，进3剩0；$7\times 3=21$，加上进位的3，$21+3=24=12\times 2$，进2剩0。第二位$4\times 2=8$；$4\times 5=20=12+8$，进1剩8；$4\times 3=12$，正好进1，本位剩下进的1。都乘以后再相加。

解：

$$\begin{array}{r} 352_{(12)} \\ \times\quad 47_{(12)} \\ \hline 2002 \\ 1188 \\ \hline 13882_{(12)} \end{array}$$

所以$352_{(12)}\times 47_{(12)}=13\,882_{(12)}$。

（6）用十二进制法计算$518_{(12)}\div 34_{(12)}$。

考点：十二进制除法运算。

分析：$51\div 34$商1；余数运算上$1-4$不够，要从上位退1，就是$12+1-4=9$；$5-1-3=1$，所以余数是19。继续计算$198\div 34$，同样的算法，商6余18。

解：

$$\begin{array}{r} 16 \\ 34\overline{)518} \\ 34 \\ \hline 198 \\ 180 \\ \hline 18 \end{array}$$

所以$518_{(12)}\div 34_{(12)}=16_{(12)}\cdots\cdots 18_{(12)}$。

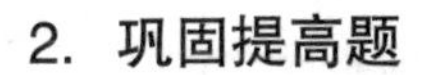

2. 巩固提高题

（1）将十进制数45735化为十二进制数。

考点：十进制与十二进制换算。

分析：除以12，取余；剩下的数再除以12，取余；一直除到除不尽为止。得到的余数和最后的商，逆序排列，就是十二进制数。

解：$45735 \div 12 = 3811 \cdots\cdots 3$，

$3811 \div 12 = 317 \cdots\cdots 7$，

$317 \div 12 = 26 \cdots\cdots 5$，

$26 \div 12 = 2 \cdots\cdots 2$。

将3、7、5、2、2逆序排列，所以是$22573_{(12)}$。

所以十进制数45735化为十二进制数是$22573_{(12)}$。

（2）将十二进制计数$9120_{(12)}$化为十进制计数。

考点：十二进制与十进制换算。

分析：用12去连乘，结果就是这个数的十进制计数。

解：
$$
\begin{aligned}
9120_{(12)} &= 9 \times 12^3 + 1 \times 12^2 + 2 \times 12 + 0 \\
&= (9 \times 12^2 + 1 \times 12 + 2) \times 12 + 0 \\
&= [(9 \times 12 + 1) \times 12 + 2] \times 12 + 0 \\
&= (109 \times 12 + 2) \times 12 + 0 \\
&= 15720。
\end{aligned}
$$

所以十二进制数$9120_{(12)}$化为十进制数是15720。

（3）用十二进制法计算$367_{(12)} + 8698_{(12)}$。

考点：十二进制加法运算。

分析：算理与十进制相同，进位是“12进1”。

$7 + 8 = 15 = 12 + 3$，进1剩3；$6 + 9 + 1 = 16 = 12 + 4$，

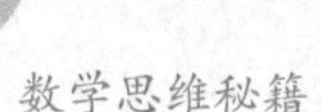

进1剩4；$3+6+1=10=A$。

解：

$$\begin{array}{r} 367_{(12)} \\ +\ 8698_{(12)} \\ \hline 8A43_{(12)} \end{array}$$

所以$367_{(12)}+8698_{(12)}=8A43_{(12)}$。

（4）用十二进制法计算$984_{(12)}-2B8_{(12)}$。

考点：十二进制减法运算。

分析：算理与十进制相同，注意退位的计算也是用12减。

个位4－8不够，所以从第二位退1，因为上位的1是等于下位的12，所以是$12+4-8=8$；第二位的8退1剩7，$7-B$（11）不够，所以从第三位退1，$12+7-B=8$。

最后一位相减即可。

解：

$$\begin{array}{r} 984_{(12)} \\ -\ 2B8_{(12)} \\ \hline 688_{(12)} \end{array}$$

所以$984_{(12)}-2B8_{(12)}=688_{(12)}$。

（5）用十二进制法计算$142_{(12)}\times 6B_{(12)}$。

考点：十二进制乘法运算。

分析：$B=11$。$B\times 2=22$，$22-12=10$（A），所以进1剩A；$B\times 4=44$，加上进位的1，$44+1=45=3\times 12+9$，所以进3剩9；$B\times 1=11$，加上进位的3，$11+3=14=12+2$，所以进1剩2。第二位$6\times 2=12$，所以进1剩0；$6\times 4=24$，加上进位的1，$24+1=25=2\times 12+1$，进2剩1；$6\times 1=6$，加上进位的2，$6+2=8$。都乘以后再相加。

解：
$$\begin{array}{r} 142_{(12)} \\ \times\ 6B_{(12)} \\ \hline 129A \\ 810\ \ \\ \hline 939A_{(12)} \end{array}$$

所以 $142_{(12)} \times 6B_{(12)} = 939A_{(12)}$。

（6）用十二进制法计算 $5A29_{(12)} \div 23_{(12)}$。

考点：十二进制除法运算。

分析：$A=10$。$5A \div 23 = 2\cdots\cdots14$，继续计算 $142 \div 23 = 7\cdots\cdots5$，$59 \div 23 = 2\cdots\cdots13$。

解：
$$\begin{array}{r} 272 \\ 23\overline{)5A29} \\ 46\ \ \ \\ \hline 142\ \\ 139\ \\ \hline 59 \\ 46 \\ \hline 13 \end{array}$$

所以 $5A29_{(12)} \div 23_{(12)} = 272_{(12)} \cdots\cdots 13_{(12)}$。

奥数习题与解析

1. 基础训练题

（1）请用十二进制法计算（$23_{(12)} + A9_{(12)}$）$\times 46_{(12)}$。

分析：先计算加法，$3+9=12$，所以进1剩0；$2+A$（10）+

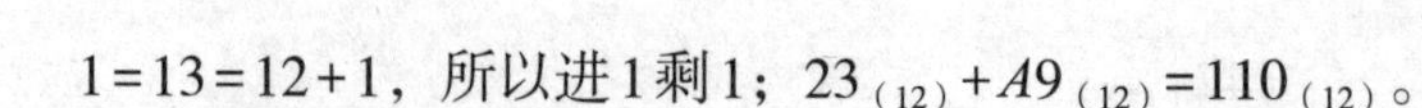

$1=13=12+1$，所以进1剩1；$23_{(12)}+A9_{(12)}=110_{(12)}$。

乘法 $6\times110=660$；$4\times110=440$；相加时注意第三位 $6+4=10$，这里记作 A。

所以 $110_{(12)}\times46_{(12)}=4A60_{(12)}$。

解：①

$$\begin{array}{r} 23_{(12)} \\ +\ A9_{(12)} \\ \hline 110_{(12)} \end{array}$$

②

$$\begin{array}{r} 110_{(12)} \\ \times\ \ 46_{(12)} \\ \hline 660\ \ \ \ \ \\ 440\ \ \ \ \ \ \ \\ \hline 4A60_{(12)} \end{array}$$

所以（$23_{(12)}+A9_{(12)}$）$\times46_{(12)}=4A60_{(12)}$。

（2）请用十二进制法计算（$5A3_{(12)}-208_{(12)}$）$\times1B4_{(12)}$。

分析：先计算减法，个位 $3-8$ 不够，所以从第二位退1，因为上位的1是等于下位的12，所以是 $12+3-8=7$；第二位的 A（10）退1剩9，$9-0=9$；$5-2=3$。所以 $5A3_{(12)}-208_{(12)}=397_{(12)}$。

乘法 $4\times7=28=2\times12+4$，所以进2剩4；$4\times9=36=3\times12$，进3，本位上剩下进上来的2；$4\times3=12$，进1，本位上剩下进上来的3。第二位注意 $B=11$，所以都是用11计算，算理相同。最后相加。

所以 $397_{(12)}\times1B4_{(12)}=74774_{(12)}$。

解：①

$$\begin{array}{r} 5A3_{(12)} \\ -\ 208_{(12)} \\ \hline 397_{(12)} \end{array}$$

②
$$\begin{array}{r} 397_{(12)} \\ \times\ 1B4_{(12)} \\ \hline 1324 \\ 3595 \\ +\ 397 \\ \hline 74774_{(12)} \end{array}$$

所以（$5A3_{(12)}-208_{(12)}$）$\times 1B4_{(12)}=74774_{(12)}$。

（3）请用十二进制法计算（$215_{(12)}+3A62_{(12)}$）$\div 1B8_{(12)}$。

分析：先计算加法，$215_{(12)}+3A62_{(12)}=4077_{(12)}$。

除法计算先用 $407_{(12)}\div 1B8_{(12)}=2_{(12)}\cdots\cdots 13_{(12)}$，$137_{(12)}<1B8_{(12)}$，从而计算出结果。

解：①
$$\begin{array}{r} 215_{(12)} \\ +\ 3A62_{(12)} \\ \hline 4077_{(12)} \end{array}$$

②
$$\begin{array}{r} 20 \\ 1B8\overline{)4077} \\ 3B4 \\ \hline 137 \end{array}$$

所以（$215_{(12)}+3A62_{(12)}$）$\div 1B8_{(12)}=20_{(12)}\cdots\cdots 137_{(12)}$。

（4）请用十二进制法计算（$65B4_{(12)}-12B8_{(12)}$）$\div 2A7_{(12)}$。

分析：先计算减法，$65B4_{(12)}-12B8_{(12)}=52B8_{(12)}$。除法先计算 $52B_{(12)}\div 2A7_{(12)}=1_{(12)}\cdots\cdots 244_{(12)}$，继续计算 $2448_{(12)}\div 2A7_{(12)}=9_{(12)}\cdots\cdots 255_{(12)}$，从而计算出结果。

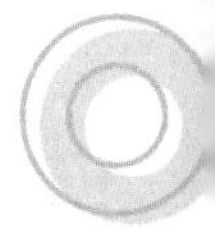

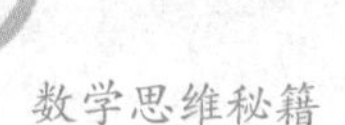

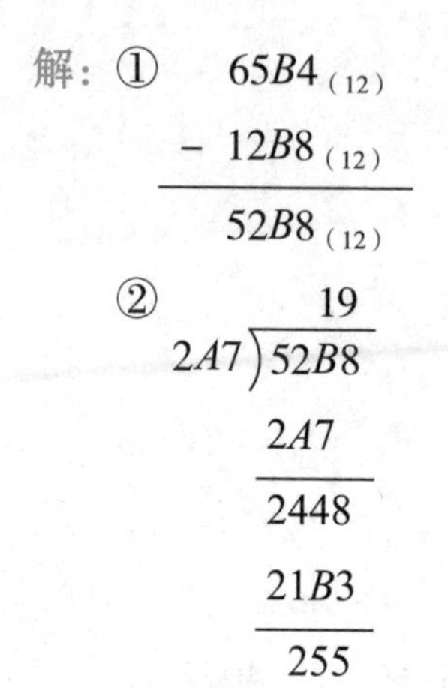

解：①

$$\begin{array}{r} 65B4_{(12)} \\ -\ 12B8_{(12)} \\ \hline 52B8_{(12)} \end{array}$$

②

19
2A7) 52B8
2A7
2448
21B3
255

所以（$65B4_{(12)}-12B8_{(12)}$）$\div 2A7_{(12)}=19_{(12)}\cdots\cdots 255_{(12)}$。

2. 拓展训练题

（1）如果$3\times4=10$，那么3×5等于多少？

分析：$3\times4=10$，说明是十二进制。十二进制下$3\times5=13$。

解：因为$3\times4=10$，是“逢12进1”，所以是十二进制。

所以十二进制：$3\times5=13$。

（2）如果$22\times9=176$，那么$23+9$等于多少？

分析：我们通常学习的十进制中$22\times9=198$，所以肯定不是十进制计算。我们可以进行推理，$2\times9=18$，而题目中末位是6，十二进制中$2\times9=16$，根据这一推测，我们进行下一步运算，在十二进制中$22\times9=176$，正好符合题意，因此我们可以确定这里是十二进制计算。

十二进制中，$23+9=30$。

解：因为$22\times9=176$，是“逢12进1”，所以是十二进制。

所以十二进制中：$23+9=30$。

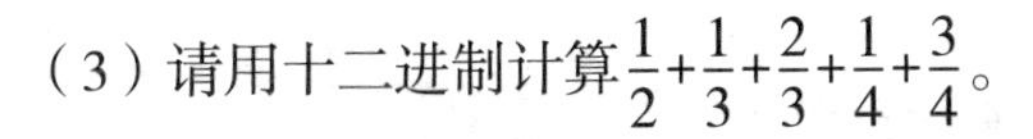

（3）请用十二进制计算$\frac{1}{2}+\frac{1}{3}+\frac{2}{3}+\frac{1}{4}+\frac{3}{4}$。

分析：十二进制中$\frac{1}{2}$、$\frac{1}{3}$、$\frac{2}{3}$、$\frac{1}{4}$、$\frac{3}{4}$分别为0.6、0.4、0.8、0.3和0.9。

解：$\frac{1}{2}+\frac{1}{3}+\frac{2}{3}+\frac{1}{4}+\frac{3}{4}$

$=0.6+0.4+0.8+0.3+0.9$

$=2.6$。

课外练习与答案

1. 基础练习题

（1）将十进制数2598化为十二进制数。

（2）将十进制数19687化为十二进制数。

（3）将十二进制数$185_{(12)}$化为十进制数。

（4）将十二进制数$35612_{(12)}$化为十进制数。

（5）用十二进制法计算$135_{(12)}+29_{(12)}$。

（6）用十二进制法计算$586_{(12)}+2151_{(12)}$。

（7）用十二进制法计算$173_{(12)}-38_{(12)}$。

（8）用十二进制法计算$5347_{(12)}-1687_{(12)}$。

（9）用十二进制法计算$132_{(12)}\times64_{(12)}$。

（10）用十二进制法计算$1278_{(12)}\times605_{(12)}$。

（11）用十二进制法计算$680_{(12)}\div28_{(12)}$。

（12）用十二进制法计算$7288_{(12)}\div312_{(12)}$。

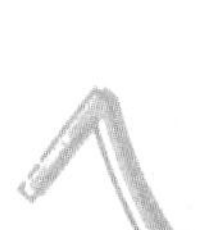

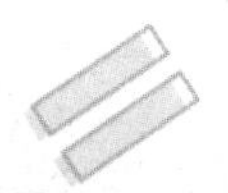

2. 提高练习题

（1）将十进制数61化为十二进制数。

（2）将十进制数21 307化为十二进制数。

（3）将十二进制数$89_{(12)}$化为十进制数。

（4）将十二进制数$2012_{(12)}$化为十进制数。

（5）用十二进制法计算$2A5_{(12)}+4B8_{(12)}$。

（6）用十二进制法计算$2A4_{(12)}-10B_{(12)}$。

（7）用十二进制法计算$2A2_{(12)}\times B4_{(12)}$。

（8）用十二进制法计算$7B8_{(12)}\div 3A_{(12)}$。

（9）用十二进制法计算$(135_{(12)}+29_{(12)})\times 3B_{(12)}$。

（10）用十二进制法计算$(2A4_{(12)}-10B_{(12)})\div 26_{(12)}$。

3. 经典练习题

（1）将十进制数982化为十二进制数。

（2）将十二进制数$234_{(12)}$化为十进制数。

（3）用十二进制法计算$5301_{(12)}+5897_{(12)}$。

（4）用十二进制法计算$9242_{(12)}-2453_{(12)}$。

（5）用十二进制法计算$62A_{(12)}\times 3B2_{(12)}$。

（6）用十二进制法计算$616A_{(12)}\div 1B8_{(12)}$。

（7）用十二进制法计算$(35_{(12)}+A9_{(12)})\times 1B7_{(12)}$。

（8）用十二进制法计算$(2A3_{(12)}-68_{(12)})\div 15_{(12)}$。

（9）用十二进制法计算$(325_{(12)}-20B_{(12)})\times 3A2_{(12)}$。

（10）用十二进制法计算$(66_{(12)}+A28_{(12)})\div 249_{(12)}$。

答案

1. 基础练习题

（1）$1606_{(12)}$。

（2）$B487_{(12)}$。

（3）245。

（4）71 726。

（5）$135_{(12)}+29_{(12)}=162_{(12)}$。

（6）$586_{(12)}+2151_{(12)}=2717_{(12)}$。

（7）$173_{(12)}-38_{(12)}=137_{(12)}$。

（8）$5347_{(12)}-1687_{(12)}=3880_{(12)}$。

（9）$132_{(12)}\times 64_{(12)}=8008_{(12)}$。

（10）$1278_{(12)}\times 605_{(12)}=744124_{(12)}$。

（11）$680_{(12)}\div 28_{(12)}=26_{(12)}$。

（12）$7288_{(12)}\div 312_{(12)}=24_{(12)}$。

2. 提高练习题

（1）$51_{(12)}$。

（2）$103B7_{(12)}$。

（3）105。

（4）3470。

（5）$2A5_{(12)}+4B8_{(12)}=7A1_{(12)}$。

（6）$2A4_{(12)}-10B_{(12)}=195_{(12)}$。

（7）$2A2_{(12)}\times B4_{(12)}=28328_{(12)}$。

（8）$7B8_{(12)}\div 3A_{(12)}=20_{(12)}\cdots\cdots 38_{(12)}$。

（9）$(135_{(12)}+29_{(12)})\times 3B_{(12)}=5B1A_{(12)}$。

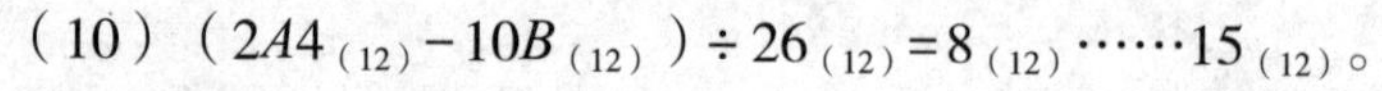

（10）$(2A4_{(12)}-10B_{(12)})\div 26_{(12)}=8_{(12)}\cdots\cdots 15_{(12)}$。

3. 经典练习题

（1）$69A_{(12)}$。

（2）328。

（3）$5301_{(12)}+5897_{(12)}=AB98_{(12)}$。

（4）$9242_{(12)}-2453_{(12)}=69AB_{(12)}$。

（5）$62A_{(12)}\times 3B2_{(12)}=206178_{(12)}$。

（6）$616A_{(12)}\div 1B8_{(12)}=31_{(12)}\cdots\cdots 72_{(12)}$。

（7）$(35_{(12)}+A9_{(12)})\times 1B7_{(12)}=23A12_{(12)}$。

（8）$(2A3_{(12)}-68_{(12)})\div 15_{(12)}=17_{(12)}\cdots\cdots 8_{(12)}$。

（9）$(325_{(12)}-20B_{(12)})\times 3A2_{(12)}=43B30_{(12)}$。

（10）$(66_{(12)}+A28_{(12)})\div 249_{(12)}=4_{(12)}\cdots\cdots 122_{(12)}$。